MEIO AMBIENTE & ESCOLA

Dados Internacionais de Catalogação na Publicação (CIP)
(Jeane Passos Santana – CRB 8ª/6189)

Luzzi, Daniel
  Meio ambiente & escola / Daniel Luzzi. – São Paulo : Editora Senac São Paulo, 2012. – (Série Meio Ambiente, 18 / Coordenação José de Ávila Aguiar Coimbra).

  Bibliografia.
  ISBN 978-85-396-0289-6

  1. Ciências ambientais 2. Meio ambiente 3. Escola I. Coimbra, José de Ávila Aguiar. II. Título. III. Série.

12-063s   CDD-363.7

Índice para catálogo sistemático:

  1. Ciências ambientais : Escola   363.7

MEIO AMBIENTE & ESCOLA

DANIEL LUZZI

COORDENAÇÃO
JOSÉ DE ÁVILA AGUIAR COIMBRA

Editora Senac São Paulo – São Paulo – 2012

ADMINISTRAÇÃO REGIONAL DO SENAC NO ESTADO DE SÃO PAULO
Presidente do Conselho Regional: Abram Szajman
Diretor do Departamento Regional: Luiz Francisco de A. Salgado
Superintendente Universitário e de Desenvolvimento: Luiz Carlos Dourado

Editora Senac São Paulo
Conselho Editorial:
Luiz Francisco de A. Salgado
Luiz Carlos Dourado
Darcio Sayad Maia
Lucila Mara Sbrana Sciotti
Jeane Passos Santana

Gerente/Publisher: Jeane Passos Santana (jpassos@sp.senac.br)
Coordenação Editorial: Márcia Cavalheiro Rodrigues de Almeida (mcavalhe@sp.senac.br)
Thaís Carvalho Lisboa (thais.clisboa@sp.senac.br)
Comercial: Jeane Passos Santana (jpassos@sp.senac.br)
Administrativo: Luís Américo Tousi Botelho (luis.tbotelho@sp.senac.br)

Edição de Texto: Marília Gessa
Preparação de Texto: Valdinei Dias Batista
Revisão de Texto: Luiza Elena Luchini (coord.), Globaltec Editora Ltda., Sandra Brazil
Capa: João Baptista da Costa Aguiar
Editoração Eletrônica: Flávio Santana
Impressão e Acabamento: Rettec Artes Gráficas e Editora Ltda.

Proibida a reprodução sem autorização expressa.
Todos os direitos desta edição reservados à
Editora Senac São Paulo
Rua Rui Barbosa, 377 – 1º andar – Bela Vista – CEP 01326-010
Caixa Postal 1120 – CEP 01032-970 – São Paulo – SP
Tel. (11) 2187-4450 – Fax (11) 2187-4486
E-mail: editora@sp.senac.br
Home page: http://www.editorasenacsp.com.br

© Editora Senac São Paulo, 2012

SUMÁRIO

Nota do editor..7
Prefácio – *José de Ávila Aguiar Coimbra*..............................9
Dedicatória 15
Agradecimentos...17
Introdução 19
O contexto socioambiental 25
   Sociedade e natureza 25
O papel social da educação 39
   Da instrução à formação 39
O contexto escolar...55
   A escola como contexto..55
   Escola complexa 60
   Subsistema institucional..68

Considerações finais 135
   Os desafios sociais 135
   Transetorialidade..137
   Escola complexa...140
Bibliografia.. 145
Sobre o autor... 151

NOTA DO EDITOR

Meio ambiente & escola inicia com o alerta de que, há pelo menos quarenta anos, as escolas têm concentrado seus esforços em adicionar novos conteúdos e disciplinas em educação ambiental, o que não tem se mostrado efetivo na construção de uma cultura de sustentabilidade.

Para Daniel Luzzi, as instituições de ensino não deveriam concentrar seus esforços em *educação ambiental*, mas na *ambientalização da educação*: processo que faz com que os alunos se enxerguem como membros de um contexto socioambiental mais amplo. A principal vantagem dessa abordagem é a de que o ensino sobre o meio ambiente ultrapassa as questões ecológicas e abrange todo o conjunto de atitudes dos seres em relação ao meio em que vivem, a começar pela própria escola.

O autor considera que uma escola que realmente queira colaborar na construção de alternativas para a crise socioambiental atual deve construir um plano conjunto dialogado e consensual, somando esforços e aumentando o grau de coerência entre professores, funcionários e alunos que compõem o todo da instituição educativa e do processo de ensino e de aprendizagem.

O Senac São Paulo oferece aos seus leitores uma obra fundamental para ambientalistas e educadores que estejam em busca de alternativas inovadoras a fim de incorporar a preocupação ambiental em sala de aula, investigando e eliminando as dimensões sociais, históricas, políticas, econômicas e culturais que as determinam.

PREFÁCIO

O convite do professor doutor Daniel Luzzi para prefaciar este livro honrou-me, e ao mesmo tempo confundiu-me. A razão é simples: fui colocado diante de uma obra que discorre, à maneira de introdução, sobre uma "escola complexa". Minha vivência em cursos de gestão ambiental e de educação ambiental proporcionou-me uma visão estimulante da questão ambiental, ela própria complexíssima, incitante. Eis que deparo com outra forma de "complexidade", que nada parece ter de complicado, mas de holístico e abrangente.

O enfoque mais direto é a famosa "inserção no contexto", contexto do mundo contemporâneo. Por isso, os leitores e estudiosos não precisarão enfrentar conceitos herméticos e enunciados sibilinos. A complexidade será entendida de outra forma, tal como uma abertura e síntese para a realidade local, nacional e global que nos cerca.

No entanto, antes de abordar o roteiro da obra, vou me permitir um breve retorno ao passado de cinco décadas, aproximadamente. Lá pelas tantas, a educação ambiental era tida como uma pedagogia para levar crianças a um contato um tanto romântico com o mundo da natureza. Sem dúvida, havia certa forma de sensibilização para o entorno natural; porém, não se ia mais longe, os limites eram alguns aspectos da geografia física. Mesmo assim, esboçavam-se algumas correntes questionadoras, inspiradas na renovação dos jardins da infância e em escolas pedagógicas, como as de Pestalozzi, Montessori e Piaget, que conferiam ao ensino um caráter mais socializante e de integração com a realidade da vida.

Muito rapidamente, a educação ambiental ganhou novos conceitos e amplas dimensões. Até mesmo a chamada contracultura dos anos 1960 contribuiu para novas formas de encarar o mundo, a vida e a natureza. Mas foram as rápidas transformações na economia, na política e nos sistemas educacionais que incentivaram a revisão, ora combativa, ora integradora, das relações do ser humano (no caso o educando) com a sociedade e o mundo natural. Ora, esses fatores vieram criando, rapidamente, novos estilos de vida, até chegarmos ao mundo de hoje, com grande ímpeto consumista, de um lado, e forte clamor pela sustentabilidade, de outro.

O mundo em que vivemos não é mais o dos nossos avós, nem o dos nossos pais e – pasmem! – nem é o nosso próprio mundo, porque já não nos reconhecemos nele.

Nesse ínterim, o conceito de meio ambiente evoluiu, como evoluíram os conhecimentos científicos e técnicos, os econômicos e sociais, os jurídicos e éticos. Bem nesse contexto, a escola e a educação ambiental voltaram-se sobre si mesmas e desenharam um novo quadro de ação. Por isso, podemos dizer que o mundo de hoje (2012) não é mais o mesmo mundo de há trinta ou vinte anos. Tratando-se de meio ambiente, o mundo da Rio+20 já difere bastante do daquela Conferência de Estocolmo (1972) que desencadeou toda uma tomada de consciência e renovação ambiental.

Devo frisar que, entre os motores de toda essa evolução, se encontram muitos professores, militantes, educadores e ativistas – um verdadeiro exército anônimo, numeroso e incansável –, que não deixaram cair a bandeira da renovação e do avanço para muito mais longe e mais alto. É evidente que o professor Daniel Luzzi é um desses combatentes, embora não seja tão anônimo como outros.

Esta sua obra é uma contribuição valiosa para o nascimento de um mundo ambientalizado, harmonioso, dinâmico e justo. Argentino de nascimento, brasileiro por opção, preocupado com a nossa realidade socioambiental, ele vem atuando, há anos, no campo da educação: estudioso, pesquisador, docente, estruturador de projetos e sistemas, ele também se atormenta com o mundo contemporâneo em velocíssima transformação. Esse conjunto de predicados salta em *Meio ambiente & escola*, como bem se poderá ver.

O quadro que ele esboça do contexto socioambiental é sombrio, a meu ver. Revela os descaminhos. Mas esse é o desafio a que a escola deve responder; mesmo porque, antes que o aluno chegue ao término do seu curso, o mundo já terá adquirido novas faces e novos hábitos, como se fosse um "moto-contínuo". Isso é tão desconcertante pelo fato de não dar tempo ao tempo, necessário para se encarar a complexidade no sentido em que é exposta e analisada por Edgar Morin. É um salto no escuro.

Outra chamada de atenção volta-se para a confusão entre informação e formação, instrução e educação. Infelizmente o Estado brasileiro acredita que nosso sistema educacional é suficiente para formar hábitos de cidadania. Qual cidadania? A grande meta parece ser a instrução de mão de obra para atuar na produção nacional, elevar o nível de consumo e aumentar o Produto Interno Bruto (PIB). Olhemos para os currículos, as grades, as escolas e as (pseudo) universidades que espoucam por toda parte como empreendimentos empresariais rentáveis, promovendo, na expressão da Organização das Nações Unidas para a Educação, a Ciência e a Cultura (Unesco), a "mercantilização do ensino".

Se educar é proporcionar ao educando a formação de hábitos operativos saudáveis e bem dirigidos; se educar é preparar para o exercício pleno da cidadania (também ambiental), podemos perguntar: Qual é a contribuição das escolas do nível médio/técnico, de faculdades que surgem como fungos em toda parte? Em muitos casos, nem a simples instrução é satisfatória, então, o que pensar da educação verdadeira? Qual é a visão de mundo (cosmovisão) que esse universo desagregado de ensino acaba por formar? De que modo os educandos/educadores vão se relacionar com a sociedade, o Estado e o meio ambiente?

Como se vê, a evolução desgovernada do mundo de hoje é um verdadeiro desafio à inteligência e à decisão das nossas gerações de hoje e de amanhã. É esse quadro que inspira Daniel Luzzi em seu texto. Entretanto, ele aponta para reflexões oportunas, por vezes inflamadas, que sacodem e iluminam a inteligência de quem se preocupa com o destino do planeta Terra – nossa casa comum.

A escola mantém-se como uma instituição símbolo, porém, sua missão e seu desempenho necessitam ser revistos. Nesse sentido, o contexto escolar deve ser forçosamente revisto, assim como os sistemas e subsistemas educacionais. Os desafios já tendem a ser mais numerosos e sucessivos, confrontando-se com a capacidade de resposta da sociedade humana.

Nessa linha de horizonte, o panorama sombrio se ilumina e aponta caminhos de recuperação da história, dos rumos socioambientais e do tempo perdido. Educação é investimento planetário em longo prazo que deve não apenas ser mantido, mas continuamente recapitalizado.

Tanto eu como os leitores deste livro somos filhos da Mãe Terra. Por isso, em relação ao estudo do professor Luzzi, podemos dizer que a Mãe Terra lhe agradece.

José de Ávila Aguiar Coimbra

DEDICATÓRIA

Dedico este livro a todos os espíritos livres que não perderam a capacidade de sonhar; que procuram se libertar da escravidão da informação sem sentido, por meio da qual se insiste em adestrar os alunos para convertê-los em engrenagens do instituído.

Dedico este livro a todos os professores que procuram construir conhecimentos e experiências que iluminem sua vida e a de seus alunos, na busca de sentido e significado, formando seres independentes e livres, que possam enxergar o mundo com alegria, esperança, amor, amizade, solidariedade, honestidade e coragem.

AGRADECIMENTOS

A Cecilia Focesi Pelicioni, professora, colega e amiga, que tive a alegria e a sorte de conhecer, e que ao longo desses anos de convivência tem sempre generosamente me apoiado, tanto no crescimento intelectual como no humano; ilustrando-me com a sua prática cotidiana o que é ser um verdadeiro professor.

Ao professor Ávila por sua amizade, seu apoio, suas prazerosas e longas conversas a partir das quais este livro foi cobrando vida, e pela enorme paciência com a qual tem me brindado com a oportunidade de participar desta coleção que, com verdadeira maestria e comprometimento, ele concebeu.

Obrigado, mais uma vez, amigos.

INTRODUÇÃO

> "A complexidade é o desafio, não a resposta."
> Edgar Morin

Ambiente não é sinônimo de ecologia, mas de complexidade do mundo, como Leff (2003) insistentemente assinala. Com essa afirmação, o autor marca uma trilha de desnaturalização da relação educação-ambiente, deslocando-a do lugar-comum das ciências naturais.

Nesse sentido, a educação ambiental[1] deixa de ser considerada um meio para o desenvolvimento da consciência ambiental para ser vista como um conjunto de atitudes dos seres em relação ao contexto que habitam, através da introdução da abordagem ecológica nos currículos, e abre-se não

---

[1] A educação ambiental, comumente, tem se apresentado como um conjunto de técnicas para resolver problemas ambientais, incluindo enfoques ecológicos, científicos e tecnológicos, desconhecendo a trama socioambiental da realidade; fracionando as dimensões sociais, históricas, políticas, econômicas e culturais que a determinam.

só ao reconhecimento da complexidade do mundo ou do socioambiente que habitamos, exigindo o desenvolvimento de metodologias de articulação conceitual, multi, inter ou transdisciplinares, mas, sobretudo, ao reconhecimento da complexidade do processo educativo, dos sujeitos (alunos e professores), da instituição educativa, das salas de aula, das atividades didático-pedagógicas, das relações com o contexto, do ensino e da aprendizagem.

Não será adicionando novos conteúdos (sejam ecológicos ou socioambientais), novas disciplinas (como a educação ambiental) ou por meio de projetos isolados oferecidos algumas horas por semana, ou ainda fazendo programas de coleta seletiva, hortas escolares e realizando visitas a trilhas educativas que conseguiremos contribuir para a formação de novos cidadãos que colaborem ativamente na construção de uma nova cultura de sustentabilidade como requisito prévio indispensável à construção de uma sociedade melhor.

Estamos fazendo isso há quarenta anos sem grandes resultados. Chegou a hora de entender que não é adaptando a instituição educativa, os currículos e os métodos que vamos ter resultados, mas reconstruindo-os à luz de uma nova visão de mundo, de ser humano, de escola, de ensino e aprendizagem. Sem renunciar à visão positivista, simplista, reducionista e atomista da educação, do ensino e da aprendizagem, que assume como objetivo principal da instituição educativa a transmissão de conhecimentos imutáveis, de verdades absolutas em contextos controlados, não vemos reais oportunidades de transformação. Necessitamos construir uma visão que aceite o desafio que a complexidade e a incerteza nos apresentam.

> É curioso observar que os mesmos conceitos que configuram o eixo central do discurso da educação ambiental, como por exemplo, o resgate da complexidade, das interdependências, da dinâmica e a busca pela totalidade, a superação da visão dicotômica do mundo, da certeza do conhecimento e seu objetivo de dominação — da natureza e dos homens –, do conhecimento descritivo-explicativo na busca pela compreensão do mundo que habitam, do resgate da íntima relação entre o sujeito e o seu ambiente, da construção de novas aproximações culturais e novos valores, não se aplicam à análise da educação, do sistema educativo, da educação ambiental, da unidade escolar, ou do processo de ensino-aprendizagem, e, com muita sorte, só se restringem a análise dos fatores socioambientais presentes no conteúdo curricular. (Luzzi, 2012)

Promover uma educação ambiental baseada na compreensão das complexas inter-relações entre os aspectos ecológicos, econômicos, sociais, políticos e culturais, de nada serve sem superar uma visão educativa que, como diz Diaz Romero, ao não desenvolver no aluno uma reflexão sobre si mesmo, convida-o a não pensar-se como membro de um contexto. "Ou seja, a rechaçar ao outro, por não ver nele a si próprio" (Diaz Romero, 2006).

As instituições educacionais precisam ser espaços onde os alunos se encontrem a si mesmos, possam construir sua identidade e não só aprendam a se aceitar, mas a se celebrar como são, cumprindo um valioso papel na formação de seres mais humanos, necessários para a construção de uma sociedade melhor.

Se a complexidade se caracteriza fundamentalmente pela imprevisibilidade do futuro, quebrando com a linearidade do pensamento determinista de causa-efeito e os receituários comportamentalistas, é fundamental construir instituições abertas e dinâmicas regidas pelo princípio da novidade e da adequação ao contexto social.

Essas instituições devem enfocar a construção de conhecimentos e a formação de seres humanos afetivos, reflexivos, críticos e participativos, que se adaptem às contínuas e aceleradas mudanças de um mundo em transformação constante.

Devem ser instituições cientes de si mesmas e da imprevisibilidade dos processos de construção de conhecimento, nos quais nem sempre um mais um são dois; cientes de processos sensíveis imersos no efeito borboleta, de Lorenz (2008), nos quais qualquer variação, não importa a sua dimensão, em condições originais, pode provocar alterações imprevisíveis. Instituições entendidas como sistema integrado e aberto ao contexto, às suas características e demandas.

Por isso, torna-se tão relevante fazer uma proposta educativa que, antes de tudo, ensine-nos a aprender e a desaprender, a refletir e questionar as coisas que sempre demos por certas, que nos ensine a estar abertos ao mundo e a nós mesmos.

A educação necessita superar a visão pela qual o ensino é entendido como transmissão de conteúdos e a aprendizagem, como memorização para aprovação nas avaliações. Precisa ainda superar o currículo entendido como coleção de informações e considerar os estilos de pensamento, valores, afetos, habilidades e competências necessárias para formar cidadãos que possam enxergar a si mesmos como parte de um todo, que possam ver a si mesmos e ao outro como integrantes de um contexto.

> A educação ambiental, ou melhor, a ambientalização da educação demanda superar as visões simplistas que entendem a instituição educativa como a somatória de prédios adequados, bons conteúdos, gerenciamento eficiente, ordem, livros de textos e professores que não faltem e saibam o conteúdo a ser transmitido. A instituição educativa é um todo formado por múltiplas dimensões em interação e conflito permanente.

Considerando que a construção de conhecimentos resulta de um sujeito ativo, este livro convida o leitor a enxergar a instituição educativa como sistema de atividades pedagógicas articuladas e interdependentes das quais resultam as aprendizagens construídas pelos alunos.

Um sistema que, basicamente, poderíamos enxergar como constituído por quatro contextos principais: o socioambiental, o institucional, o das salas de aula e o das tarefas acadêmicas. Uma instituição integrada e integral, que está permanentemente sendo, definindo-se, redefinindo-se e mudando, uma comunidade viva em permanente transformação.

Nesta aproximação, recortaremos a nossa reflexão sobre as primeiras dimensões, relacionadas ao contexto socioambiental e ao contexto institucional, apresentando a instituição educativa complexa, ou melhor, a escola complexa.

O CONTEXTO SOCIOAMBIENTAL

> "O futuro sempre é melhor que o passado."
> Teilhard de Chardin, em Piero Pasolini (1983).

SOCIEDADE E NATUREZA

Vivemos em um contexto confuso, ambíguo e obscuro, não por falta de conhecimento, como em outras épocas históricas, nas quais a humanidade estava engatinhando na sua mais tenra infância, debatendo-se para compreender e dominar o mundo natural que a atemorizava; mas por falta de amadurecimento espiritual, moral, valorativo e intelectual.

Vivemos numa cultura de massas que despreza a busca da verdade, a honestidade, a honra, o amor e a justiça. A senha é mentir, manipular e dominar por meio do engano, ocultando os sentimentos e fazendo de conta, sem dar importância a mais nada além das vantagens conquistadas, do desejo de poder e do ego desmedido. Uma época de rechaços em que se tenta por todos os meios ser mais do que os outros, diferenciar-se, não importa como ou o preço que tenhamos que pagar para isso, ainda que seja à custa da nossa própria extinção.

Uma cultura mesquinha, na qual o principal mecanismo de defesa para a vida alienante é o agravo e a desqualificação; tenta-se desesperadamente rebaixar os outros para se sentir melhor, para aumentar a sua autoestima. Uma cultura na qual as pessoas ridicularizam todo comportamento autêntico, toda manifestação de valor, de sentimento, de coragem e de amor.

Viveremos em uma era sem história, sem memória, um eterno presente sem passado e sem futuro, se continuarmos seguindo do mesmo modo. É triste observar o bombardeio cotidiano de informação do mercado de consumo que privilegia o frívolo, o vazio, o efêmero, a fantasia antes que a realidade, a forma como se promove a destruição da saúde física e psicológica das pessoas, a destruição do ambiente do qual somos parte na louca corrida que a sociedade e a cultura nos impõem, uma corrida que nos leva a lugar nenhum, já que nos impulsiona na busca de resultados, de produtos, sem considerar que na vida, na verdade, o importante são os processos, ou seja, o caminho e não o destino, a aventura de andar, de explorar e de viver.

Vivemos em uma época em que o medo guia a vida das pessoas: medo da morte, medo da vida, medo de ser e de não ser, medo do medo, da violência, da fome, da diferença e da indiferença, da verdade, da honestidade, do amor, dos outros e da solidão. Em uma época em que impera a tristeza e a mais absoluta alienação, com ataques de pânico e de violência, autoinfringida e social.

Sem dúvida, é um tempo escuro na história do ser, em que estamos tão à deriva quanto nossos antepassados da Idade Média, que defendiam com unhas e dentes a mentira por medo de mudar, por medo de perder os privilégios e por medo do desconhecido.

> Muitos pensadores falam de uma crise da essência e da existência do ser moderno como o centro do qual derivam outras crises mais visíveis ou reconhecidas, entre elas a crise ambiental.

Parece que muitos ambientalistas não percebem a sociedade em que vivem e consideram que os problemas atuais resumem-se às problemáticas ecológicas: aquecimento global, lixo, desmatamento, perda de biodiversidade, poluição do ar, das águas e dos solos, entre outros. São pessoas que, apesar da sua boa vontade, não enxergam que esses são simplesmente sintomas de uma sociedade e uma cultura doente, reflexo de seres humanos vazios, tristes e sombrios.

Assim, vemos todos os dias aberrações que parecem que já não surpreendem a ninguém. E mais, já poucas coisas nos surpreendem, pois parece que também perdemos a capacidade de espanto. Esse é um mundo onde os fins justificam os meios mais cruéis, onde há um relativismo moral maquiavélico por meio do qual alguns países e grupos estão acima da lei, da ética e da moral dominante para alcançar seus objetivos ou realizar seus planos.

Dessa forma, tortura-se em nome dos direitos humanos, invadem-se países em nome da democracia, mata-se em nome da vida, censura-se em nome da liberdade e reprime-se toda manifestação democrática dos povos em nome da ordem social.

Vemos desfilar em nossos televisores imagens de um mundo colonial onde muitos países considerados desenvolvidos, em nome da liberdade ou da defesa dos direitos humanos, vivem da guerra, da usurpação e da morte.

Há soldados universais que no Afeganistão matam crianças e, rindo, tiram fotos ao lado dos cadáveres, além de tirarem dentes ou dedos dos mortos para levar como troféus para casa. São esses soldados como o senhor Chris Kyle, da força Seal da marinha norte-americana, que diz ter matado 255 pessoas no Iraque e que conta sem pudor num livro chamado *American sniper* como foi divertido, e a pena que sente por não poder fazer mais. Diz ainda que a única coisa que sente ao matar é o coice da arma, e conta também sobre o ódio imenso que sente dos seus inimigos, chamados por ele e pelas tropas aliadas de "selvagens".

São pessoas que, por estarem contra os interesses das grandes potências, se transformam em não pessoas – como Noam Chomsky (2012) brilhantemente coloca –, em selvagens que não merecem viver.

Um filme de horror que vemos se repetir desde o fim da Segunda Guerra Mundial, nas guerras da Coreia, Vietnã,

Iraque, Camboja, Laos, Afeganistão, e nas ditaduras militares latino-americanas.[1]

Esse é um mundo em que se justificam as guerras e a matança de mais de 100 mil civis no Iraque, por conta de supostas armas de destruição em massa, ou simplesmente sob o pretexto de levar democracia e liberdade a países isolados e fracos. Tais embates têm resultado numa verdadeira carnificina, segundo John Tirman, diretor do Centro de Estudos Internacionais do Massachusetts Institute of Technology (MIT), que explica que desde 1945, ano que marca o fim da Segunda Grande Guerra, os Estados Unidos e seus aliados tiraram a vida de mais de 6 milhões de pessoas.

> As grandes guerras que os Estados Unidos lutaram desde a rendição do Japão em 1945 — na Coreia, Indochina, Iraque e Afeganistão — produziram uma colossal carnificina. Não temos uma avaliação precisa de quantas pessoas morreram, mas uma estimativa conservadora é de pelo menos 6 milhões de civis e soldados. (Tirman, 2011)

Danos colaterais com os quais ninguém parece se importar, já que são não pessoas, são selvagens, do ponto de vista das potências ocidentais.

---

[1] Foram cerca de 3,5 milhões de mortos na guerra da Coreia (e outros milhares presos, amontoados em campos de concentração); segundo as fontes, foram mortos 3 milhões de vietnamitas, cambojanos e laosianos; aproximadamente 200 mil iraquianos e mais de 1,5 milhão de afegãos.

O mundo de que falamos é um mundo onde muitos países desenvolvidos ainda possuem colônias, sim, ainda que não se acredite, em pleno século XXI, o Comitê de Descolonização da Organização das Nações Unidas (ONU) relata que ainda existem dezesseis colônias no mundo:[2] o Reino Unido possui dez no Atlântico e Caribe (Anguila, Bermudas, ilhas Caiman, ilhas Malvinas, ilhas Turcas e Caicos, ilhas Virgens Britânicas, Montserrat e Santa Elena), na Europa (Gibraltar) e na Ásia e Pacífico (Pitcairn).

Os Estados Unidos ainda possuem três colônias: no Atlântico, ilhas Virgens dos Estados Unidos; e na Ásia e no Pacífico, Guam e Samoa Americana, respectivamente. A França possui uma colônia na Ásia e no Pacífico: Nova Caledônia; e a Nova Zelândia, também possui na Ásia e no Pacífico: Tokelau. Isso sem mencionar o Sahara Ocidental, com um processo em curso de descolonização, após o abandono da Espanha em 1990.

E, para piorar a situação, muitas dessas colônias, como Bermudas, ilhas Caiman e ilhas Virgens Britânicas, são utilizadas para esconder, em plena luz do dia, paraísos financeiros onde se lavam bilhões de dólares por ano.[3]

---

[2] Comitê de Descolonização da ONU, territórios não autônomos. Disponível em: http://www.un.org/es/decolonization/nonselfgovterritories.shtml.

[3] Na cúpula de 2009, o G20 definiu como prioridades a reforma do sistema financeiro e o combate aos paraísos fiscais. De lá para cá o balanço é vergonhoso. Os paraísos fiscais não só estão mais ativos do que nunca, como, sobretudo, seguem funcionando ativamente em países como Suíça e Luxemburgo e em potências mundiais como Estados Unidos, Japão e Inglaterra. Cerca de 800 bilhões de euros saem dos países do Sul todos os anos para esses paraísos fiscais. (Febbro, 2011)

> Nas Bermudas (Britânicas), por exemplo, em apenas 53 quilômetros quadrados operam 13 mil empresas. Nas ilhas Caiman (Britânicas), operam mais empresas que o número de habitantes da ilha: 260 bancos, 9 mil fundos de investimento e 80 mil empresas. E nas ilhas Virgens Britânicas, com 23 mil habitantes, há 830 mil empresas registradas, por meio das quais se lava dinheiro e se evita o pagamento de impostos, entre outras atividades ilícitas.

São paraísos fiscais que até mesmo a Organização para a Cooperação e o Desenvolvimento Econômico (OCDE) tem declarado ser um perigo para a estabilidade econômica mundial.

Como podemos observar, nosso lindo mundo está dominado por um mercado financeiro que espolia os mais pobres para enriquecer os mais ricos. Como exemplo, podemos citar a Espanha, onde uma empresa multinacional privatizada está demitindo, em nome da crise econômica, 20% da sua força laboral, mas ao mesmo tempo distribui 450 milhões de euros em bônus a 1.900 de seus diretores, com salários de 7 milhões de euros por ano cada um.

Esse é um mercado que ainda utiliza mão de obra escrava, ou em condições de escravidão, e distribui o consumo de recursos de uma forma muito desigual e inumana.

> Isso significa que, se a comunidade mundial fosse reduzida a uma pequena comunidade de dez pessoas apenas e a riqueza mundial fosse representada por uma pizza com dez pedaços, teríamos um mundo em que uma pessoa seria dona de nove pedaços, sendo que as nove pessoas restantes teriam que partilhar um pedaço para tentar satisfazer suas necessidades mais básicas.

Segundo o Instituto Mundial para a Investigação do Desenvolvimento Econômico da Universidade das Nações Unidas, em todo o mundo, no ano 2006:

- 1% da população detinha 40% da riqueza mundial;
- 2% da população era dona de 50% da riqueza mundial;
- 10% da população detinha 86% da riqueza do planeta.

A desigualdade se expressa geograficamente, já que 10% da população que concentra 86% da riqueza está reunida na América do Norte, na Europa e na região pacífico-asiática (Japão e Austrália).

Assim, os cálculos do Fundo Mundial da Natureza (World Wildlife Fund – WWF) em 2008 indicam que, se todos os habitantes do mundo consumissem como a classe média estadunidense, seria necessário o equivalente a cinco planetas Terra para atender às demandas de recursos naturais.

O relatório *Planeta Vivo 2010*, publicação bianual da Rede WWF, mostra que, caso o modelo atual de consumo e degradação ambiental seja mantido, é possível que os recursos naturais entrem em colapso a partir de 2030, quando a demanda pelos recursos ecológicos será o dobro do que a Terra pode oferecer.

Em um mundo onde se privilegia o direito de informar sobre o direito a estar bem informado como base fundamental do exercício da cidadania, permite-se que empresários inescrupulosos da comunicação mintam abertamente para a população, escondam notícias e inventem fatos para criar uma ilusão coletiva, em nome da liberdade de expressão, manipulando as interpretações sociais para promover seus próprios interesses.

É um mundo injusto, no qual juízes federais nucleados na Associação de Juízes Federais da 1ª Região são acusados de fraudes milionárias e não só não são presos como também não são afastados do trabalho, enquanto alguns de seus colegas vendem sentenças e são premiados com aposentadorias polpudas para o restante da vida.

São esses juízes que interpretam a Constituição em detrimento da população, e por tecnicismos anulam áudios gravados de políticos e empresários comprometidos em processos de corrupção bilionários, impedindo que sejam considerados como provas por serem originados em "denúncias anônimas".

Entretanto, juízes libertam da cadeia uma pessoa que atropelou quarenta ciclistas propositalmente e concedem, no Supremo Tribunal Federal, vários *habeas corpus* a ladrões de colarinho-branco pegos em fragrante delito, no meio da madrugada, tentando subornar um delegado com 1 milhão de reais. Outros juízes, ainda, são premiados por apoiar o despejo de milhares de famílias de uma terra pertencente à massa falida de uma empresa de um conhecido delinquente de colarinho-branco, deixando na rua mulheres, crianças, idosos e doentes.

> Isso mostra claramente uma sociedade que é aparentemente legal, mas muito, muito ilegítima e injusta.

E claro, outro juiz, espanhol, reconhecido internacionalmente por ter colaborado com a justiça universal ao processar torturadores e assassinos da ditadura militar latino-americana é condenado a 11 anos de interdição de exercer a profissão de juiz, por ter se atrevido a investigar a corrupção do partido governante espanhol.

> A legalidade já não consegue justificar a ação de uma corporação que parece ter perdido seu sentido social e a sua noção de moralidade.

Uma democracia retórica, já que na prática muitos representantes do povo legislam em causa própria, defendendo seus próprios interesses. Governos que só se preocupam com a acumulação de poder, chegando ao extremo de tentar vender 30% dos leitos do Sistema Único de Saúde (SUS)[4] a operadores privados, enquanto outros praticam corrupção com as merendas das crianças e com a compra de insumos hospitalares.

---

[4] O Sistema Único de Saúde (SUS) é um dos maiores sistemas públicos de saúde do mundo. Abrange desde o simples atendimento ambulatorial até o transplante de órgãos, garantindo acesso integral, universal e gratuito para toda a população brasileira. Amparado por um conceito ampliado de saúde, o SUS foi criado, em 1988, pela Constituição Federal Brasileira para ser o sistema de saúde dos mais de 180 milhões de brasileiros. Além de oferecer consultas, exames e internações, o Sistema também promove campanhas de vacinação e ações de prevenção e de vigilância sanitária – como fiscalização de alimentos e registro de medicamentos –, atingindo, assim, a vida de cada um dos brasileiros.

São sociedades que praticam o que poderíamos chamar de cidadania simbólica, em que um dos poucos e verdadeiros atos democráticos que as pessoas praticam é o voto.

O resto depende da chamada liberdade de mercado, em que o grau de exercício democrático ainda depende, em parte, da cor da pele e do grau de riqueza acumulada. Dessa forma, negros, índios, sem-terra e pobres têm um grau de exercício democrático muito baixo, enquanto brancos e ricos têm um exercício democrático mais pleno, com acesso a educação, saúde, transporte, moradia, justiça e cultura de boa qualidade.

Assistimos à decadência moral da sociedade, com fraudes bilionárias, desvios de fundos públicos, abuso de poder, repressão continuada e judicialização da política; à negligência de governos, que provocam desastres, alagamentos e morte; a padres pedófilos que corrompem menores em santuários que deveriam proteger as almas; a esquadrões da morte formados por policiais que deveriam oferecer proteção e segurança. À decadência de setores que, sem o menor escrúpulo, comemoram a repressão policial, a tortura e o assassinato dos desajustados sociais, assim como as ditaduras militares de antanho; setores que acham que namorar uma mulher negra é promiscuidade, que os gays estão doentes e não merecem ser respeitados, e que os pobres são pobres porque querem, porque são vagabundos e não gostam de trabalhar.

Nesta sociedade importa mais a aparência que a existência; a ostentação do consumo mais do que o próprio consumo, e a homogeneização cultural mais que a aceitação das diferenças. Uma sociedade profundamente racista que adere sem escrúpulos ao darwinismo social e à afirmação da identidade individual contra os que são diferentes, aprendendo desde os primeiros anos de escola a abusar dos mais fracos.

> Uma sociedade na qual o direito à propriedade privada está acima do direito à vida e à dignidade humana.

No meio de tudo isso, a sociedade aparece estupefata, paralisada, confusa. Perdeu a capacidade de reflexão e de ação e, muitas vezes, até mesmo a esperança.

É verdade que vivemos uma crise possível de ser identificada na degradação da natureza, mudança climática, extinção de espécies, desmatamento, erosão, desertificação e perda de terras produtivas, poluição (dos solos, das águas e do ar), chuvas ácidas, entre outros exemplos.

Mas também é verdade que essa crise pode ser evidenciada na perda da qualidade de vida, na pobreza extrema, no empobrecimento gradual e na exclusão social, na saúde física (ou na sua falta), nas mortes evitáveis, na escassa esperança de vida ao nascer. E também na saúde psicológica: no sentimento de perda da dignidade, na violência social, na angústia, na depressão, na dependência de drogas e no suicídio, no isolamento individual e no enfraquecimento das redes solidárias.

> Estes são sintomas de uma cultura que perdeu o norte moral, sintomas originados nessa forma torta de ver o mundo, de interpretá-lo, e de atuar nele.

A grande mídia e a escola têm incorporado a problemática ambiental ao seu dia a dia, mas de uma perspectiva ecológica, trabalhando sobre os sintomas e não sobre as causas, tentando resolver os problemas usando a mesma racionalidade que os tem criado.

Para solucionar o problema do aquecimento global, inventou-se o mercado de carbono (hoje, em vias de extinção); para solucionar o problema da poluição, surgem os carros elétricos e os painéis solares; para o problema do lixo, propõe-se a reciclagem e os aterros sanitários (que já mostram seu limite, devido à dificuldade de utilizar terras de forma extensiva); e para o desmatamento, o reflorestamento com pínus (criando desertos verdes).

Sem conseguir compreender que esses elementos são evidentemente insuficientes para sequer tentar mitigar os problemas socioambientais que vivemos.

O problema está em nós, na nossa própria crise existencial. Como esperar equilíbrio socioambiental numa sociedade formada por pessoas que não possuem, em sua grande maioria, equilíbrio interno? Pessoas que vivem num estado de ansiedade, insegurança e medo.

> O problema está no estilo de vida vendido como ideal de felicidade, ou seja, está na cultura.

> Pessoas que muitas vezes até perdem a capacidade de sentir e de se comover com o sofrimento ou com a alegria dos outros, que só pensam em si mesmas.

Não devemos esquecer que a deterioração socioambiental é um efeito das atividades que proporcionam aos consumidores alimento, transporte, moradia, vestuário e uma infinidade de bens de consumo, muitas vezes desnecessários e supérfluos.

Por isso, entendemos que a solução dos nossos problemas se encontra no campo da cultura. Sem que haja uma mudança cultural, a legislação mais lúcida, a tecnologia mais limpa, a pesquisa mais sofisticada não conseguirá encaminhar a sociedade no rumo da sustentabilidade, já que, para isso, é necessária uma mudança individual e coletiva de todos os cidadãos.

> Entendemos que, sem formar uma sociedade genuína, verdadeira, transparente, justa, aberta às diferenças, ao erro, ao direito à informação de boa qualidade, ao respeito e ao amor, não temos como resolver os graves problemas socioambientais que vivemos.

Sem construir uma sociedade verdadeiramente democrática, mediante cidadania crítica e participativa, não vemos condições de rumar para a sustentabilidade.

> Assim, para nós não existe educação ambiental sem formação ampla e profunda de cidadãos comprometidos com a realidade na qual vivem. Não existe sequer chance de mudar a realidade sem se comprometer com ela.

O PAPEL SOCIAL DA EDUCAÇÃO

> "Procuro despir-me do que aprendi.
> Procuro esquecer-me do modo de lembrar que me ensinaram,
> e raspar a tinta com que me pintaram os sentidos,
> desencaixotar minhas emoções verdadeiras,
> desembrulhar-me, e ser eu."
> Fernando Pessoa, *Deste modo ou daquele modo*.

DA INSTRUÇÃO À FORMAÇÃO

Com a nossa congênita miopia, já esboçada por Platão na sua famosa alegoria da caverna, continuamos a acreditar que a realidade é o que temos diante de nós, sem reconhecer ainda que o que vemos depende do lado para o qual olhamos e, em definitivo, de quem somos.

> Nossos ideais e conceitos organizam o mundo; são como lentes que nos fazem ver isto, e não aquilo, e que nos fazem interpretar as coisas que vemos de determinada maneira.

Vemos o mundo como nós somos e não como ele é.[1] Por esse motivo, a definição de educação que adotarmos estará estreitamente ligada à visão que construímos da realidade que vivemos, já que toda ação que realizamos é resultado de certa compreensão, interpretação dessa realidade, de algo que configura sentido para nós.

A escola atual apresenta-se como uma escola que insiste em ocupar seu velho papel social de transmissora de conhecimentos prontos, ainda em plena sociedade da informação e do conhecimento, sem reconhecer que hoje ela não é a única nem a principal depositária do saber.

> A escola atual, como produto dos avanços da ciência moderna, potencializada pela revolução industrial, ainda é uma escola profundamente positivista, com um modelo didático behaviorista e um modelo de gestão vertical e autoritário.

Ela é, além disso, uma escola que tem se afastado tanto da sociedade quanto do mundo real, que nos parece um mundo à parte. Perrenoud (2005) já tem alertado sobre esse mundo no qual o aluno sente-se perdido, pois grande parte

---

[1] "Um exemplo bem explícito sobre isso é o seguinte: se alguém está acostumado a olhar a rua pelo buraco da fechadura, a rua ganha um formato e uma extensão específica: da fechadura. Se a pessoa puder olhar da janela, então a rua ganhará outro formato e extensão. E se puder ainda sair de casa e andar, verá que a rua fica mais diferente. Então, se a pessoa ficar olhando a rua pelo buraco da fechadura, jamais poderá saber que a rua pode ser diferente e achará muito estranho que outro que esteja na rua fale dela de outra maneira. Dirá que é um louco. Um ignorante. Uma pessoa inculta, só porque enxerga a rua de forma diferente" (Bessa, 2005).

do que se faz nele não tem o menor significado. Por isso, os alunos se aferram à menor novidade ou fantasia para escapar dessa realidade.

Parece que, ao cruzar a porta da escola, o mundo fica fora, até seu reencontro na saída. É um verdadeiro paradoxo, já que a escola deveria ser vida, preparar para a vida, e não ser um intervalo de latência, pelo qual parece que temos que passar, como uma espécie de rito social para começar a viver.

As instituições educativas estão em crise e não estão conseguindo se adequar às transformações que a sociedade atual demanda, pois muitos ainda não perceberam a profundidade das mudanças e tentam adequar a escola aos novos tempos com o velho método de planificação de remendo ou com um planejamento emergencial.

> Entendemos que no contexto atual isso já não basta, resulta urgente desandar o caminho na busca de uma trilha que nos permita mudar a visão que temos da educação em geral e da instituição educativa em particular, nos arriscando a desaprender para aprender a transformar. Romper os moldes, esquecer o modo de ver e interpretar o mundo, de ensinar e de aprender.

Trata-se de uma senda que se inicia no reconhecimento de que o ambiente não é sinônimo de ecologia, mas de complexidade, como Leff (2003) insistentemente afirma. É uma complexidade que denota, segundo Morin (1998), um tecido de eventos, ações, interações, retroações, determinações e azares, de ordem e desordem, determinismo e incerteza. Uma complexidade que, segundo Morin (1998), caracteriza-se por três princípios: o princípio hologramático, que enuncia as relações entre o todo e as partes; as partes estão no todo; e o todo, de certa forma, está nas partes. A união entre as partes constitui o todo, que por sua vez retroatua em cada uma das partes originando propriedades que as partes antes não tinham.

O princípio recursivo organizacional, que enuncia na organização que o todo impulsiona as partes e vice-versa; assim, podemos compreender que o produto das relações entre as partes e o todo, por sua vez, é produtor de outros princípios e características. O produto é produtor.

E o princípio dialógico, que enuncia a associação complexa de elementos que necessitam interatuar juntos para garantir a sua existência. Ou seja, um não pode existir sem o outro. Ambiente que, longe de ser identificado como algo externo que nos rodeia, é entendido como "um contexto em relação a", representando, segundo Vygotsky (1994), a expressão viva da interação social entre os indivíduos. Um ambiente que é, antes de tudo, cultural, constituído pela ação dos indivíduos.

Com base nesta concepção, torna-se impossível considerar qualquer fenômeno ou elemento separado do ambiente que o significa, e que ao fazê-lo define o todo, possibilitando a sua compreensão.

Dessa perspectiva, o ambiente também é um contexto, entendendo este último não como um mero fundo, mas como o produto de uma relação histórica entre elementos naturais e culturais derivados da segunda natureza do ser humano, a cultura.

> Deste ponto de vista, a relação entre ambiente e educação vai muito além da educação ambiental "ingênua", que, adicionando conteúdos à grade curricular, tanto em formato transversal como disciplinar, pretende dar conta das demandas sociais originadas na problemática socioambiental que vivemos.

Essa é uma educação que, mediante o processamento de informação ecológica, procura construir uma "mentalidade conservacionista" nos alunos. É uma espécie de catecismo ecológico que, por meio da repetição de valores positivos, pretende mudar as atitudes das pessoas. E produz comportamentos como os de um grupo de crianças que, no dia do planeta, organizado pela WWF, gritava do topo do seu prédio, para tentar conscientizar seus vizinhos: "Apague a luz, acenda as velas e grite com a gente na janela". Lindo de ver, neste mar de indiferença. No entanto, pouco útil.

> Este tipo de educação ambiental, apesar de conter a semente da transformação, volta a conduzir, adestrar e amestrar, perdendo sua capacidade libertadora. É uma educação que volta a colocar a camisa de força nos alunos e que cria novos dogmas para trocar pelos anteriores.

Entendemos que a incorporação de conteúdos nos currículos, a elaboração de projetos interdisciplinares, a formação de comunidades de prática ou de oficinas são condições necessárias, mas não suficientes para responder às demandas socioambientais que o contexto atual apresenta.

Insistimos fortemente que a educação necessita ultrapassar a visão pela qual ensino é entendido como transmissão de conteúdos e aprendizagem como memorização desses conteúdos para que os alunos sejam aprovados nas avaliações.

A escola deve superar o currículo entendido como coleção de informações sem sentido e considerar os estilos de pensamento, valores, afetos, habilidades e competências necessárias para formar cidadãos que possam enxergar a si mesmos como parte de um todo, não só natural, mas também social.

A relação entre ambiente e educação pode nos ajudar a refletir não só sobre o papel histórico da educação no contexto, para dar conta dos desafios pelos quais a sociedade atravessa, pensando nos objetivos da educação, e no tipo de cidadão a formar. Mas também pode colaborar na compreensão das condições culturais que determinam em grande parte o sucesso ou fracasso dos programas educativos, e fundamentalmente o sucesso ou fracasso social.

O ambiente é um conceito que expressa mudança, diferença, história (presente, passado e futuro).

> "Ambiente" é um conceito que nos força a pensar a educação como um permanente *sendo*, como um produto inacabado em constante transformação. Como o resultado da tensão constante entre mudança e transformação da educação de um modo como nenhuma outra instância social representa.

Como Diaz Romero (2006) brilhantemente nos diz:

> Uma pedagogia que dá por sabido o que o ser humano necessita, sem interrogá-lo, sem considerar a ele mesmo, as suas novas sensibilidades e formas de comunicação, faz com que a educação perca seu sentido, resulte cinza, sem brilho, desumanizada e castradora.
>
> A relação entre o ambiente e a educação nos aproxima do devir, de um conhecimento que se interroga a si mesmo, desterrando o pensamento único, as verdades absolutas e o falso determinismo que nos paralisa.

Uma senda na qual a educação abre espaço à reflexão sobre o ser, sobre o "si mesmo", considerando a sua relação com as outras pessoas e com o contexto do qual é parte integrante.

Um espaço onde aprendamos a superar o "eu egoísta e individualista", em trânsito a um paradigma centrado na comunidade.

Um espaço curricular destinado à alteridade, promovendo uma visão ampla e nova da vida, apreciando todos os seus matizes e diferenças.

As crises identificadas no primeiro capítulo também refletem uma crise interna de valores e sentimentos originados na cultura hipócrita, frívola e vazia que vivenciamos. Neste contexto sequer podemos considerar uma educação restrita à dimensão ecológica, e muito menos à construção de uma disciplina de educação ambiental que volte a considerar todas as demandas educativas como sinônimo de conteúdo.

Entendemos que se queremos superar o impasse no qual a educação ambiental se encontra é necessário mudar a visão que temos do que é conhecer, aprender e ensinar. Temos que nos aproximar da educação e das instituições educativas e tentar compreendê-las em toda a sua complexidade.

O conceito de ambiente, como já esboçado em Luzzi (2012), nos ajuda a refletir sobre as visões de mundo que a escola difunde e sobre a construção da identidade individual e coletiva (na relação sujeito-objeto); e sobretudo, a entender o nosso lugar no mundo.

Porém, o contexto escolar tem duas vias: por um lado, a escola e a sala de aula como contexto no qual acontecem as trocas, por outro, o contexto cultural ao qual a escola pertence e o movimento comunitário, complementares à ação educativa.

Coincidimos com Rego (2003) em que a constituição das singularidades dos alunos, seus modos de ser, pensar e agir, não só dependem do microcontexto escolar, mas também de uma série de outros fatores relacionados ao contexto escolar em que os alunos se inserem, cultura geral (modelos sociais), meios de comunicação de massas, condições econômicas, contexto familiar, grupos de amigos; experiências com outras instituições sociais como a força pública, os hospitais, igrejas, clubes; a sua relação com a infraestrutura social e seu acesso a ela, como os meios de transporte, a cultura, entre outros; isso somado aos imponderáveis (episódios acidentais, interações com pessoas incentivadoras de seu sucesso, modelos sociais, etc.).

Entendemos que é fundamental compreender que a constituição do psiquismo humano e a construção da identidade dependem de uma complexa rede de vivências-experiências e estímulos aos quais os alunos se encontram expostos, dentro e fora da escola.

> Bruner (2000, p. 16) já afirmou: "Qualquer reforma educativa que esteja centrada exclusivamente na escola está destinada a gerar trivialidades".

Assim, o ambiente, ao mesmo tempo, constitui uma ótima oportunidade para se refletir sobre os limites do sistema educativo em relação às demandas socioeducativas da comunidade. A complexidade tem afetado a nossa compreensão da educação, possibilitando a construção de visões transetoriais e a distribuição de responsabilidades educativas, sepultando as visões ingênuas que ainda entendem educação como sinônimo de instituição escolar.

Por exemplo, entendemos que o hábito da leitura não só se adquire na escola, mas se fortalece e se faz parte de nós participando de uma cultura local na qual a leitura é valorizada na sociedade e na família.

Se concordarmos em que as formas de agir dos indivíduos dependem não só dos conhecimentos transmitidos na escola, mas da conflitiva inter-relação entre informações, conhecimentos, sentimentos, medos e sonhos provenientes das mais variadas origens, e das mais variadas experiências, chegamos à conclusão de que é imprescindível uma visão de planejamento muito além da escola e que demanda uma ruptura epistemológica na visão que temos de educação e de instituição educativa.

Do reconhecimento da complexidade do processo de constituição das singularidades dos alunos, ou seja, dos seus modos de ser, pensar e agir, emerge a necessidade de uma visão transetorial e o surgimento de um estilo de planejamento de políticas públicas integradas que articulem ações formais, não formais e informais, executadas pelos diversos órgãos públicos, com vistas ao desenvolvimento educativo e cultural dos cidadãos.

Como Coll (1996) afirma:

> A escola como contexto físico e social [...] deveria fazer parte dos demais sistemas de atividade da cultura a qual serve e nos quais se dão outros instrumentos de mediação prévios ou complementares ao da escola.

A educação exige olhares transetoriais que vão muito além do olhar reducionista e simplificador atual, que atua como se a formação dos alunos só dependesse da escola.

Entendemos que a atual crise educativa é também uma manifestação da crise social e cultural da sociedade, do enfraquecimento da rede social e cultural dos bairros e do desaparecimento dos espaços de produção da cultura comunitária.

Por isso, podemos afirmar que a educação ambiental é o resultado do diálogo entre a educação e as demandas e características do seu contexto histórico. Uma educação que renova a compreensão que temos da escola, do professor, do aluno e da cidadania. Uma nova visão de educação, uma forma de pensar a educação que reconhece a escola como um complexo e dinâmico sistema constituído por um conjunto de processos e trocas que vão muito além da simples transmissão de informação que acontece nas salas de aula.

Dessa perspectiva, a ambientalização da educação pode ser entendida sinteticamente baseada na análise de três eixos fundamentais:

- o epistemológico, que envolve conteúdos, áreas disciplinares e definição dos tipos de conhecimento;
- o pedagógico, que define o sujeito educativo, como se aprende, como se ensina e as estruturas das propostas didáticas; e
- o organizacional, que se refere à estrutura acadêmica, à instituição e ao governo escolar.

A educação ambiental, desse ponto de vista, significa o reconhecimento da complexidade, das interdependências, da dinâmica, da totalidade e do resgate da íntima relação entre o sujeito e o seu ambiente.

> A instituição educacional, nesse sentido, é um permanente *sendo*.

Uma escola viva, dinâmica e interativa é o resultado das interpretações, das trocas, dos conflitos, dos sonhos dos participantes e dos desafios que os contextos sociais, ambientais e culturais apresentam em cada momento histórico. É um processo inacabado e em permanente processo de construção.

Nesse contexto, a educação ambiental pode ser definida como uma educação que dialoga com o ambiente do qual emerge, considerando as demandas socioambientais e as características que cada cultura possui, abrindo caminho para uma educação dinâmica, transformadora e culturalmente relevante.

> Cidadania crítica, ativa, participativa e solidária. Sem formar cidadãos, como é possível transformar a sociedade e a cultura, colocar limites e impor a voz da sociedade por sobre seus representantes?

O que se quer é uma educação que possibilite a construção de uma compreensão crítica das circunstâncias históricas que dão origem à realidade vivida e potencialize a participação responsável por meio do exercício da cidadania na sua transformação.

É verdade que isso significaria uma gota de virtude num oceano de injustiça, mas, como acontece em outros países da região, a educação brasileira poderia reforçar a educação política e cidadã dos seus alunos.

É o caso da Argentina, por exemplo, onde os alunos de Ensino Médio, como tema obrigatório da disciplina política e cidadania, além dos clássicos conceitos relacionados à participação em partidos políticos ou em organizações cidadãs, estudam como organizar manifestações, pichações, *escraches*,[2] panelaços e marchas de silêncio. Promovendo a participação plena dos cidadãos na sociedade os alunos vão aprendendo a exercer com responsabilidade a sua liberdade de expressão.

É urgente a implementação de uma educação integral, que entenda professores e alunos como totalidades – considerando o corpo, a mente, os valores e afetos –, não como simples banco de dados para a mera transmissão passiva de conteúdos do professor, assumido como aquele que supostamente tudo sabe, para o aluno, assumido como aquele que nada sabe.

> Estamos falando de uma educação que compreende a totalidade chamada escola, entendendo o centro educativo não como um lugar onde se ministram aulas, mas como uma comunidade de ensino e de aprendizagem, um espaço de formação tanto para estudantes como para professores.

Uma verdadeira transformação educativa deverá modificar os modelos de gestão, os currículos, os espaços, os tempos,

---

[2] *Escrache* é o nome dado em Buenos Aires e Montevidéu a um tipo de manifestação na qual um grupo de cidadãos se dirige ao domicílio, lugar de trabalho ou lugar público de alguém a quem se quer denunciar. A atividade se realiza mediante protestos, cantos e pichações. Uma metodologia muito utilizada pela Associação Filhos de Desaparecidos para denunciar repressores da ditadura militar. Ver http://www.hijos-capital.org.ar.

as estratégias de formação e aprendizagem, e não se constituir em mera mudança ou adição de conteúdos programáticos.

A educação deve transcender a "instrução", entendida como a capacitação, ou melhor, o adestramento que se dá aos alunos para a sua inserção no mercado de trabalho baseada numa aprendizagem factual e na memorização literal de dados isolados, planejando para o aluno atividades do tipo de repetição e memorização. Deve avançar pela senda da "formação" dos alunos, configurando espaços onde eles possam descobrir a si mesmos, onde os conhecimentos sejam alcançados progressivamente, articulados em redes conceituais, com planejamento de atividades pedagógicas baseadas na busca de significados e construção pessoal.

A escola também deve preparar o aluno para o convívio com outros humanos, ensinando-os a arte da empatia, do diálogo, da paciência e da tolerância, dos limites e das regras sociais de convivência, da necessidade de negociar para trabalhar com os outros, e colocar-se no lugar dos outros, para tentar compreendê-los, de modo a formar cidadãos atuantes, verdadeiros seres humanos, sensíveis, conscientes de si e do contexto que habitam.

> A educação não pode continuar se reduzindo a seu papel instrutivo, limitando-se a fornecer aos alunos determinados conteúdos, sem ensinar a pensar, refletir, propor soluções de problemas, trabalhar e cooperar uns com os outros. A escola deve favorecer a formação de seres participativos, críticos e conscientes de seu papel na transformação social.

É importante conscientizar-se acerca da crise ambiental e perceber que esta crise não só é produto de um estilo de pensamento simplificador e instrumental, mas da gradual perda da humanidade que nos caracteriza, nesta louca corrida a lugar nenhum que a escola e a cultura nos impõem.

Os jovens – ainda sem a quantidade necessária de anestesia ou hipocrisia dos adultos, que os adormece e os faz imunes à realidade – sofrem profundamente com as contradições da pseudodemocracia em que vivemos.

Por isso, a única saída possível para a crise socioambiental que vivemos é uma transformação cultural que alcance todo o conjunto de conhecimentos, de valores, de crenças, de ideias e de práticas desta época. Ou seja, que abranja a forma de viver dos humanos em grupos sociais, seus sentimentos, desejos, valores e formas de ver o mundo e a si mesmos.

> Esta crise não se resolve com mais ciência, matemática, eixos transversais ou com o pensamento instrumental.

> A escola está tão preocupada com a formação de pessoas para o mercado de trabalho, que se esquece de formar pessoas melhores, deixando de ajudar crianças e jovens em sua busca pessoal neste mundo confuso.

Para isso, precisamos de uma profunda ambientalização escolar, que atinja os currículos, mas também as formas de organização, a cultura escolar, os métodos e as formas de avaliação.

> Necessita-se uma nova concepção da vida baseada numa nova percepção da realidade.
>
> Uma escola que se afaste definitivamente dos métodos positivistas e das suas formas de avaliação, que renuncie à medição da qualidade através da quantidade de conhecimento adquirido ou lembrado e passe a colaborar na construção de novos estilos de pensamento e de sentimento.

O CONTEXTO ESCOLAR

"Os iletrados do futuro não serão aqueles que não podem ler ou escrever, mas aqueles que não podem aprender, desaprender e reaprender."
Alvin Toffler

A ESCOLA COMO CONTEXTO

Todas as aproximações atuais teóricas, epistemológicas, psicológicas, pedagógicas e didáticas consideram o ambiente um componente fundamental, seja como uma variável independente (perspectivas contextualizadoras) seja como uma totalidade, "sujeito em seu ambiente" (perspectivas contextuais).

Como afirma Fernandez Enguita (1990), desde o funcionalismo de Durkheim[1] ao estruturalismo de Althusser;

---

[1] Durkheim, segundo Filloux, num texto relacionado à natureza e aos métodos, identificava a classe "como uma pequena sociedade na qual os alunos pensam, sentem e atuam de modo diferente de quando estão isolados. Numa classe se produzem formas de contágio, de desmoralização coletiva, de mútua sobre-excitação, de efervescência

Foucault e a teoria da correspondência de Bowles e Gintis;[2] apesar de suas diferentes concepções, todas elas consideram a escola e as salas de aula como tramas de relações sociais.

Ou seja, como afirma Enguita (1990):

> A escola é uma trama de relações sociais e materiais que organizam a experiência cotidiana e pessoal do aluno/a com a mesma força ou mais que as relações de produção podem organizar as do operário na oficina ou as do pequeno produtor no mercado. Por que então continuar olhando o espaço escolar como se nele não houvesse outra coisa em que se fixar além das ideias que se transmitem?

> A relação entre os seres e o meio que habitam é tão íntima que Maturana & Varela (1995) a têm caracterizado através do conceito de acoplamento estrutural. Ou seja, a conduta humana é produto dessa íntima relação com o contexto cultural específico do qual faz parte.

Isso significa reconhecer que os alunos aprendem não só como consequência da transmissão de informação dos pro-

---

saudável, que devem ser captados a fim de prevenir ou combater a uns e tirar proveitos dos outros" (Filloux, 1993, p. 13).

[2] O estruturalismo é uma corrente de pensamento que se inspirou na linguística e que apreende a realidade social como um conjunto formal de relações. Os três dos estruturalistas mais famosos foram Jacques Lacan (1901-1981), Roland Barthes (1915-1980) e Louis Althusser (1918-1990). Bowles e Gintis afirmam que a educação tem como característica a correspondência entre a organização da escola e a do trabalho, e que existe uma desigualdade na escola que reproduz a divisão social do trabalho. As escolas funcionam de forma a legitimar as divisões de classe, contribuindo para a criação de uma força de trabalho que responde em cada momento às necessidades do capital.

fessores, mas também como consequência das vivências que experimentam por meio das interações sociais e das práticas educativas que acontecem na escola e nas salas de aula.

O ambiente escolar é um componente fundamental do processo de aprendizagem. Se concordarmos com Vygotsky (1979) que o ambiente é fundamentalmente cultura e que a realidade não é externa ao sujeito, mas uma construção resultante da interação entre sujeito e ambiente, poderemos entender que a cultura e os processos cognitivos são indissociáveis, os significados têm um caráter situado, e é isso que garante a sua negociabilidade e a sua dinâmica histórico-social.

Segundo Vygotsky, graças a essas interações entre o indivíduo biológico, os artefatos culturais e o ambiente natural e social, desenvolvem-se os processos psicológicos superiores. Por isso, afirma que o desenvolvimento cultural aparece duas vezes, primeiro no âmbito social e mais tarde no âmbito individual; em primeira instância, interpsicológica e, em segunda instância, intrapsicológica (Vygotsky, 1979). Ou seja, a consciência é construída de fora para dentro por meio das relações sociais (Kozulin, 2002).

Este processo resulta de caráter "ativo, social e comunicativo", como Cubero & Santamaría (1992) já tinham assinalado. Ao apropriar-se das palavras, as pessoas se apropriam também de uma experiência social e histórica que constitui as bases de seu contexto cultural. Isso outorga significado ao seu contexto sócio-histórico.

No entanto, esses processos não acontecem no vazio, mas em contextos sociais e comunicativos que Bruner (1991) chama de espaços intersubjetivos, nos quais acontecem as interações que propiciam a transição entre o espaço interpsicológico e o intrapsicológico.

> A construção do conhecimento faz parte tanto da dimensão pessoal como da grupal e institucional; assim, o processo de construção de significados não é independente das instituições nas quais se desenvolve. O significado é indissociável do uso e do conjunto de práticas associadas a ele em determinado contexto social.

Para outros, como Bandura (1986), as pessoas não só aprendem fazendo, mas também da observação do que os outros fazem. Bandura parte de um modelo de interação entre o ambiente, a conduta e os fatores pessoais (cognitivos, emocionais, etc.), uma interação caracterizada por influências bidirecionais. O autor fala de reciprocidade triádica, em que os comportamentos dependem do ambiente e dos fatores pessoais, e estes, por sua vez influenciam os outros.

Os sujeitos apreendem em seu ambiente por modelagem, ou seja, ora por meio da observação de modelos reais – nossos pais, amigos, professores, ídolos –, ora em forma simbólica, por meio da televisão e do cinema, por exemplo.

As escolas e as salas de aula são "espaços intersubjetivos" em que acontecem as interações sociais, espaços onde professores e alunos interatuam e constroem conhecimentos, afetos, valores e representações sociais muitas vezes não escritos, e ainda, não buscados ou contraditórios em relação aos objetivos planejados. É a tristemente célebre diferença entre o que se diz e o que se faz, só que por múltiplos indivíduos em diversos espaços institucionais.

Isso se refere ao chamado currículo oculto,[3] que apesar de desempenhar um importante papel na configuração de significados, de valores e de aprendizagens, não se lhe costuma prestar muita atenção. É um currículo constituído pelas tramas sociais configuradas pelos temários, distribuição de espaços físicos e tempos, regulamentações e regimentos, negociações, intervenções docentes, sistemas de comunicação, nível de participação, sistemas de avaliação, aproximações didáticas, métodos de resolução de conflitos, entre outros exemplos.

> O ambiente escolar não é neutro, é atravessado por múltiplas dimensões que dialogam na construção das aprendizagens. Não podemos continuar promovendo uma visão da realidade educativa, construída mediante o paradigma simplificador, que entende e administra a instituição educativa como se fosse uma somatória de professores, salas, conteúdos e atividades.

Não há conteúdos ou atividades que isoladamente possam produzir a transformação da educação.

É necessário, portanto, aumentar a complexidade do sistema educativo, construindo verdadeiros coletivos de pro-

---

[3] Giroux (1983) entende o currículo oculto como o conjunto de normas, valores e crenças transmitidos aos alunos por meio de regras estruturantes das relações sociais na sala de aula e na escola.

fessores e alunos, comunidades de ensino e de aprendizagem, com fortes valores éticos.

ESCOLA COMPLEXA

Hoje, com dados cada vez mais preocupantes acerca da qualidade da educação, torna-se fundamental superar as visões produto do paradigma da simplicidade,[4] que para explicar os problemas da educação recorrem a velhos *slogans*.

- O professor não domina metodologias adequadas de ensino.
- Os governos não investem na formação continuada dos professores.
- Os professores recebem baixos salários.
- As condições do trabalho docente são deficitárias.
- Os pais não se envolvem no processo educativo.
- Os alunos não se interessam por nada.
- Os professores faltam muito.

---

[4] Chamado de paradigma empírico (de paradigma analítico por Habermas e de paradigma da simplicidade por Morin), constitui um conjunto de ideias sobre o mundo, produto da concepção epistêmica clássica forjada por homens como Galileu, Descartes e Newton. Uma perspectiva em que o mundo é considerado uma máquina perfeita, a natureza como externa ao homem e passível de ser controlada, e que estuda os sistemas dividindo os elementos constituintes para ser estudados separadamente.

Essas são todas meias verdades, em alguns casos até sintomas dos verdadeiros problemas da educação, mas acontece muito mais do que se mostra ou do que se quer enxergar nas escolas.

Os problemas da educação não resultam só da escassa formação profissional do professor, ou dos baixos salários, ou das péssimas condições de trabalho; resultam também da insistência em simplificar e reduzir a escola a uma somatória de salas de aulas; a gestão educativa, a uma tarefa administrativa; o conteúdo, à informação; o ensino, à transmissão de informação; e a aprendizagem, à lembrança das informações transmitidas.

> O principal erro é construir uma instituição educativa como um sistema mecânico, fechado, estável e cronometrado, regido pela ordem imposta, pela divisão de tarefas especializadas e pela causalidade simples, se o que se pretende é formar pessoas críticas, abertas às diferenças, à incerteza, ao diálogo e à negociação. A escola mecânica produz falta de comunicação, sentimento de ausência de sentido nas práticas, desmotivação, incoerência, grandes níveis de abstração e paradoxos formidáveis que alimentam os currículos ocultos e a incompreensão mútua entre professores e alunos.

Assim, a escola em vez de constituir uma comunidade de ensino e aprendizagem, regida pela abertura, o diálogo, o respeito e a negociação, converte-se numa verdadeira máquina de ensinar, de instruir, reflexo da visão mecanicista do mundo que continua promovendo a educação e a ciência modernas.

Essa é a visão de uma escola caracterizada pela passividade dos seus membros, movida pela inércia da tradição, sem outra finalidade que não seja a de dar continuidade e manutenção ao *status quo* reinante. Alguns poderão dizer: "Mas como assim? As pessoas desenvolvem ações na escola". Verdade. Mas entendemos que essas ações mais do que ativas são reativas, ou seja, respostas às alterações de equilíbrio para restabelecê-lo. É um modelo de escola no qual muitas vezes os meios são mais importantes que os mesmos fins que se procuram; são organizações que, como diz Merton (1971), são dominadas pelo ritualismo burocrático. Ou, como diz Enguita (2000), como uma máquina exata, mas cega, e – poderíamos acrescentar – surda aos anseios da comunidade educativa.

> Se não mudarmos a forma de enxergar a instituição educativa, superando a visão simplificadora do positivismo, de nada servirão os esforços educacionais fragmentários baseados na incorporação de novos conteúdos, nos métodos pontuais, nos eixos transversais, lousas digitais, *tablets* ou a formação de professores "especialistas" isolados.

Como Sacristán e Pérez Gómez (2000) alertam já há algum tempo:

> Atender somente aos conteúdos do currículo, ou ao comportamento do professor ou dos alunos, significa simplificar a riqueza da vida da aula e, portanto, sua compreensão deformada. Se a realidade é complexa, e se quer respeitar a complexidade na compreensão da mesma, o modelo de análise e interpretação da mesma deve também ser complexo. (p. 78)

Necessitamos entender a escola de um ponto de vista complexo, um olhar como o que apresenta o paradigma ecológico[5] na pesquisa educativa. Como o modelo de Tikunoff, por exemplo, que considera que para captar a vida complexa da aula, na sua riqueza, temos que levar em conta as variáveis situacionais,[6] que definem o clima físico e psicossocial em que acontecem as trocas, as variáveis experienciais, que remetem aos significados e modos de atuar de cada um dos atores, a cultura e modos de interpretar o mundo que cada um carrega, bem como as variáveis comunicativas,[7] que se referem aos conteúdos das trocas.

Ou então o enfoque de Doyle (1977), que analisa a vida da sala de aula como um espaço de trocas de atuação por qualificação. Para ele, a aprendizagem acontece num espaço ecológico, carregado de influências simultâneas, como consequência das interações das pessoas num grupo social que vive num contexto.

Para Doyle, tal espaço está condicionado pela existência de dois subsistemas – a estrutura de tarefas acadêmicas e

---

[5] O modelo ecológico representa uma visão que pretende captar as relações entre o ambiente e o comportamento individual e coletivo, assumindo as salas de aula como espaços de trocas e negociação.

[6] O clima de objetivos e expectativas que se reflete na atmosfera da classe, os cenários formados pela configuração do espaço e do tempo, a estrutura das atividades e os papéis que os indivíduos desempenham.

[7] Nesta variável encontramos três níveis – intrapessoal, interpessoal e grupal – como instâncias de troca e construção de significados.

a estrutura social de participação – atravessados ambos pelo caráter avaliador que a vida escolar possui. A avaliação nessa perspectiva passa a ser uma troca de atuações dos alunos por qualificações dos professores.

> Se a educação ambiental significa fundamentalmente o reconhecimento da complexidade, das interdependências, da dinâmica e da totalidade, resulta uma visão de educação, uma forma de pensar a educação que reconhece a escola como um complexo e dinâmico sistema constituído por um conjunto de processos e trocas que vão muito além da simples transmissão de informação que acontece nas salas de aula.

Souto de Asch (1993) identifica algumas dessas dimensões que interagem no ato pedagógico,[8] ou seja, os níveis social, institucional, grupal, interpessoal, pessoal e instrumental, tentando construir uma metodologia de abordagem do estudo da complexidade do processo educativo.

Isso sem considerar o contexto do qual a escola faz parte, e que também desempenha um papel fundamental na construção de conhecimento.

A escola em si é um todo constituído por múltiplas dimensões que configuram a aprendizagem última que constrói

---

[8] A autora define ato pedagógico como a unidade que contém as relações e os elementos essenciais do fato educativo. Articula social com individual, passado com presente e futuro, conhecido com desconhecido, além de articular o pensado, o sentido e o atuado. Assim, o ato pedagógico é um diálogo entre professor e aluno, em torno de um conteúdo, num contexto social específico que o determina.

cada indivíduo; um complexo constituído por quatro subsistemas principais em mútua interdependência:

- o contexto escolar;
- o contexto institucional;
- o contexto da sala de aula; e
- o contexto da tarefa acadêmica.

Este é um sistema altamente dinâmico e conflitivo, organizado em torno de um objetivo comum, isto é, alcançar um resultado educativo deliberadamente buscado. Um sistema aberto a incertezas, que apresenta um contexto em constante mutação; uma comunidade formada por pessoas que

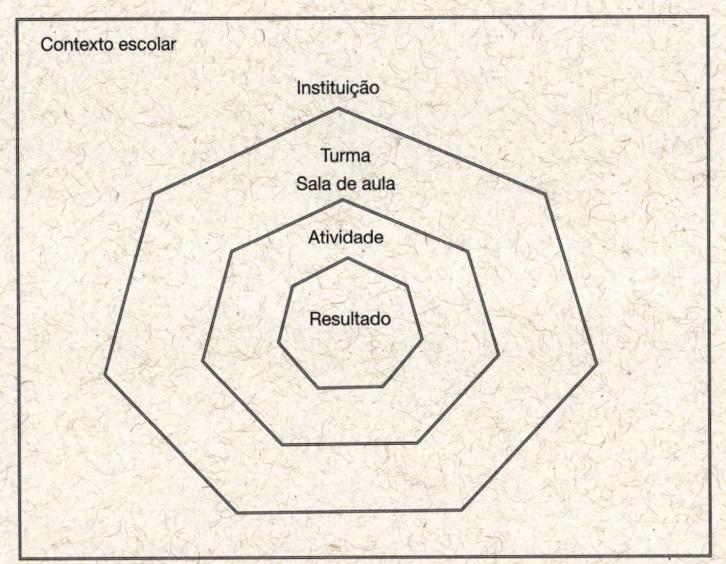

Figura 1: Dimensões da complexidade escolar.
Fonte: Luzzi (2012).

vivem de forma agitada, procurando constantemente resolver problemas e imprevistos.

Esses subsistemas podem coexistir em certa harmonia "dinâmica", à procura de resultados educativos, ou podem coexistir em forma desarmônica e incoerente, fazendo perder o rumo das atividades educativas.

A escola atualmente está imersa numa profunda contradição, produzindo a cada passo efeitos contraeducativos: por um lado, os dizeres dos conteúdos das diversas disciplinas de estudo, dos professores ao dar aulas e das autoridades ao realizar discursos; por outro, as práticas e as experiências vivenciadas no dia a dia da instituição.

Na escola, diz-se uma coisa e, permanentemente, faz-se outra, submergida no faz de conta que impera na cultura social. Diz-se querer formar pessoas, mas, em vez disso, promove-se a sua instrução; diz-se querer formar cidadãos democráticos e participativos, mas em vez disso promove-se a domesticação e o adestramento dos corpos e dos espíritos; diz-se se preocupar pela formação de pessoas críticas, mas em vez disso enchem-se as mentes de informações descontextualizadas.

Necessitamos agora formar verdadeiras comunidades de ensino e de aprendizagem, com verdadeiras equipes cooperativas, com fins comuns; organizações em que os fins determinem os meios escolhidos, e não o contrário.

> Chegou o momento de superar as visões positivistas simplificadoras que enxergam a escola como uma somatória de salas de aula e o currículo como um conjunto de informações desconexas. Visões em que todas as demandas sociais se resolvem adicionando mais conteúdos aos currículos ou todos os problemas da educação se resolvem elaborando métodos de projetos.

É preciso reconhecer que a educação está acolá da causalidade simples representada pelo estímulo e pela resposta e aceitar a complexidade que o comportamento do coletivo educacional comporta, abraçando a imprevisibilidade, a incongruência e até o conflito como motor da aprendizagem. Entender o sistema educativo como um sistema não linear, em que até as menores causas provocam enormes efeitos, rompendo com a tradição da ciência normal, na qual as magnitudes das causas correspondiam às magnitudes dos efeitos.

> O momento é de enxergar a escola como um todo que vai muito além da somatória das suas partes. De compreender como os diversos componentes da instituição educativa articulam-se para produzir a realidade que conhecemos.

Assim, será possível desterrar o mito da ordem e do equilíbrio, considerados essenciais nos paradigmas educativos tradicionais, reconhecendo que, como sistemas abertos ao contexto, as instituições educativas estão caracterizadas pela instabilidade constante e o desequilíbrio, demandando criatividade, paciência, empatia e muito diálogo.

SUBSISTEMA INSTITUCIONAL

O subsistema institucional constitui a cultura da organização que guia a atuação de todos os habitantes da escola, marca o rumo e cria o clima psicossocial que vivenciam os atores educativos.

É preciso lembrar que o contexto cultural desempenha um papel essencial e determinante na constituição da singularidade dos alunos, ou seja, as características do ser, do pensar e dos modos de agir. Nesse sentido, fica claro para nós que de pouco serve clamar nas salas de aula em prol da democracia, dos valores humanos, da participação social, da importância do diálogo, do respeito às diferenças, da solidariedade e da cooperação, quando se vivencia uma escola rígida, padronizada, ritualística, pouco dinâmica, burocrática, escassamente democrática, baseada na ordem, na disciplina, na autoridade e na punição, na qual pessoas desestimuladas têm nos regimentos internos só deveres e obrigações, mas não direitos.

Como Paulo Freire (1997, p. 119) dizia: "É decidindo que se aprende a decidir [...], é decidindo que construímos, com autonomia, nosso projeto de vida [...], é exercendo a capacidade de decidir que aprendemos a ser nós mesmos".

> Apenas por meio da atividade é que as pessoas podem se apropriar do ambiente cultural ao qual pertencem. A atividade representa a ação humana que medeia a relação entre o homem, sujeito da atividade, e os objetos da realidade, configurando a natureza humana.

> Acontece que, como a instituição educativa é entendida como receptáculo onde se desenvolvem as atividades, vivenciamos instituições que não inspiram os alunos a aprender, os professores a ensinar e os pais e comunidades a participar. Inspiram, isto sim, as pessoas a fazer de conta que aprendem, ensinam e participam, refletindo a cultura social do fazer de conta que rege as relações sociais da hipócrita sociedade atual.

Essas instituições educativas que mencionamos aqui são aquelas nas quais se vivenciam experiências e emoções frustrantes, onde não se consegue aprender a dialogar para dirimir conflitos, onde se aprende a mentir e a trair para não ter problemas. São instituições transmissoras de informações feitas e que pouco dialogam com o contexto cultural das crianças e dos jovens.

Essas incoerências presentes entre os diversos elementos que compõem o processo de ensino e aprendizagem criam um dos geradores mais importantes do fracasso escolar, tanto dos alunos como de professores, gestores e equipes pedagógicas, porque o fracasso não é só dos alunos, é da comunidade educativa como um todo e até da sociedade.

E essas incoerências também têm um efeito devastador nas aproximações pedagógicas e didáticas dos professores, que têm na sua mente visões que não se encaixam na realidade dos contextos nos quais desenvolvem as suas práticas.

Esse problema já foi detectado por Saviani (1981) na identificação dos diversos métodos pedagógicos:

> Os professores têm na cabeça o movimento e os princípios da escola nova. A realidade, porém, não oferece aos professores condições para instaurar a escola nova, porque a realidade em que atuam é tradicional. [...] Mas o drama do professor não termina aí. A essa contradição se acrescenta outra: além de constatar que as condições concretas não correspondem à sua crença, o professor se vê pressionado pela pedagogia oficial que prega a racionalidade e produtividade do sistema e do seu trabalho, isto é, coloca a ênfase, nos meios (tecnicismo). [...] Aí o quadro contraditório em que se encontra o professor: sua cabeça é escolanovista, a realidade é tradicional; [...] rejeita o tecnicismo porque sente-se violentado pela ideologia oficial; não aceita a linha crítica porque não quer receber a denominação de agente repressor.

Dessa forma chegamos a uma escola que não cumpre nenhuma das suas funções sociais: não forma boas pessoas, nem bons cidadãos nem indivíduos emancipados nem mesmo a base conceitual necessária para a formação de futuros intelectuais ou profissionais. É uma escola confusa como a sociedade que a engendra.

Por essa razão, acreditamos ser importante compreender as relações entre:

- planejamento político pedagógico (o que somos e o que queremos ser);
- projeto curricular institucional (o que vamos ensinar e aprender num período de tempo para responder a nossa identidade);

- modelos de gestão institucional (como vamos nos organizar para alcançar nossos objetivos e metas), que envolvem a cultura e as regras sociais que regem as trocas entre os atores educativos (através dos regimentos escolares) e os modelos de liderança assumida pelos gestores que determinam o nível de participação;
- distribuição do espaço e do tempo;
- recursos didáticos, instrumentos de mediação utilizados e sistemas de comunicação interna (existentes em relação tanto às comunidades de ensino como às comunidades de aprendizagem);
- papel do professor.

Esse é um sistema altamente complexo em que, como podemos observar na figura a seguir, os diversos componentes se definem não só por suas características individuais, mas, sobretudo, por suas relações com os outros, que os significam e determinam.

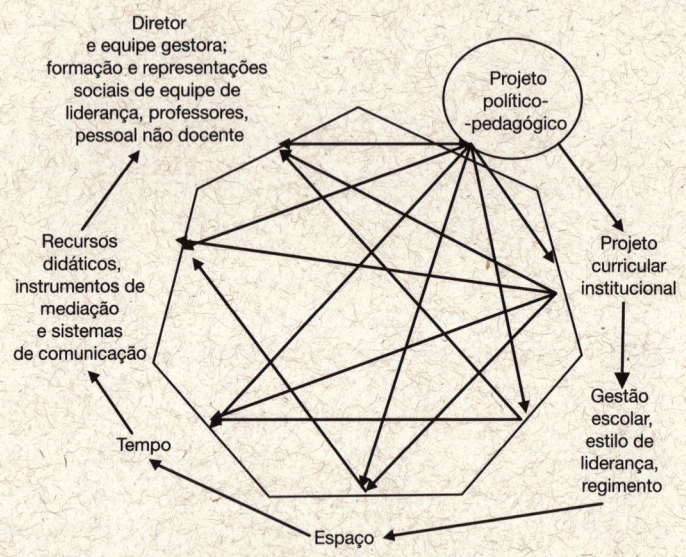

Figura 2: Subsistema institucional.

Projeto político-pedagógico

O projeto político-pedagógico simboliza a liberdade que cada escola possui para se integrar ao contexto ao qual pertence, mas, também, a liberdade de professores e alunos de construir um projeto participativo que, a partir dos sentimentos, desejos e conhecimentos de cada um, estabeleça as bases da ação educativa.

Assim, o projeto político-pedagógico é uma das expressões da democratização da educação e do exercício da cidadania de professores, alunos e comunidades. É um projeto que, desde a sua própria concepção configura um espaço de plena aprendizagem, um processo de planejamento coletivo que exige pesquisar, informar-se, escutar, dialogar, apresentar ideias aos outros, valorar pontos de vista, tomar decisões, aceitar a diversidade, negociar, respeitar, projetar, analisar, planejar, articular e integrar e avaliar, entre outras atividades características do pleno exercício da cidadania educativa.

E é também um projeto que exige a construção de um forte fundamento socioeducativo, que defina uma visão de mundo por meio de dimensões antropológicas (relativas à existência humana na sociedade atual, às suas necessidades e a seus desafios), epistemológicas (relacionadas ao conhecimento ou aos tipos de conhecimento e as suas condições de validade), dimensões valorativas (tanto em relação a indivíduos como a grupos sociais), dimensões metodológicas (em relação ao desenho didático-pedagógico e aos tipos de práticas individuais e coletivas buscadas) e organizacionais (relacionadas com as formas que assumem as relações entre atores educativos, na construção da cultura institucional).

Nesse sentido, o projeto constitui o cerne mesmo do processo da transformação, e, claro está, do processo de ambientalização educativa. É difícil imaginar a construção de uma nova cultura sustentável pela simples incorporação de conteúdos curriculares e realização de algumas atividades isoladas.

O projeto político-pedagógico é o eixo estruturante que constitui a identidade central da escola, já que reflete sobre quem somos e o que queremos ser como instituição, respondendo qual é o papel que a escola deve desempenhar num período histórico e num contexto específico, definindo a identidade da escola mesma, a sua cultura.[9]

Eis as interrogações feitas pelo projeto:

- Que sociedade queremos construir?
- Quem somos? Qual é nossa história? (tentando resgatar o passado institucional e desvelar os desafios e fortalezas do presente para poder se projetar para o futuro).
- Qual é a finalidade da escola na sociedade atual; qual é seu papel?
- Que sujeitos-cidadãos queremos formar?
- Qual é nossa identidade, ou seja, o que nos diferencia das outras escolas?
- Que competências (saber, saber pensar, saber ser, saber fazer, saber aprender, saber conviver, saber

---

[9] Para Sacristán e Pérez Gómez (2000), assim como para nós, a cultura escolar é "o conjunto de significados e condutas compartilhadas, desenvolvidos através do tempo por diferentes grupos de pessoas como resultado de suas experiências comuns, suas interpretações sociais e seus intercâmbios com o mundo". Para Geertz (1983), a cultura é formada pelos padrões de significados codificados em símbolos e transmitidos históricamente, etc., mediante os quais pessoas se comunicam, perpetuam e desenvolvem seus conhecimentos e atitudes em relação à vida.

dialogar) a escola precisa desenvolver para alcançar seus objetivos institucionais e seu papel social?

- O que se entende por qualidade educativa, como se avalia a qualidade educativa? Pela quantidade de conhecimento acumulada ou pela capacidade de aprender, desaprender, refletir e transferir o conhecimento a novas situações?
- O que se entende por conhecimento e que aproximações metodológicas são aceitas na construção e validação de conhecimento? Qual é a base epistemológica acordada na comunidade escolar?
- Que eixos temáticos são os mais relevantes (subjetiva – atendendo os sentimentos dos alunos – e objetivamente – atendendo as análises políticas, econômicas, filosóficas, sociológicas, ecológicas) global, nacional e localmente para aumentar a relevância cultural dos conhecimentos escolares e diminuir a sua abstração?
- Que estratégias se adotarão para integrar os conhecimentos das diversas disciplinas ou áreas de conhecimento?
- Que aproximações pedagógicas são as mais adequadas e coerentes em relação aos objetivos – competências – a desenvolver? E em relação aos estilos de pensamento e valores necessários para a sociedade que se quer construir?

- Que aproximações didáticas são as mais adequadas e coerentes com os objetivos – competências –, com as aproximações pedagógicas e com estilos de pensamento e valores necessários para a sociedade que se quer construir?
- Que estratégias de sequenciação se adotarão para facilitar a aproximação sucessiva dos objetos de estudo e dos estilos de pensamento e amadurecimento afetivo necessários para alcançar os objetivos acordados?
- Que aproximações serão exploradas para relacionar a teoria e a prática, incorporando o saber fazer e o saber ser e conviver na práxis educativa?
- Como estimular a comunidade escolar a participar e que tipo de participação pode ser?
- Como dividir o tempo e o espaço para promover os processos de ensino e aprendizagem?
- Que recursos didáticos serão necessários para facilitar o processo de ensino-aprendizagem e a motivação dos alunos?
- Como vai se dividir o trabalho de gestão escolar entre professores, alunos e pais, de forma a promover a participação, o compromisso e a responsabilidade nos alunos?
- Que sistemas de comunicação interna são criados para garantir que todos tenham voz e para estimu-

lar a formação de comunidades de ensino entre professores e de aprendizagem entre alunos?
- Que modelo de gestão vai se adotar para propiciar o desenvolvimento de uma cidadania democrática, responsável, participativa, crítica, reflexiva e solidária?
- Que estratégias serão utilizadas para estabelecer um contato com a comunidade que alberga a escola, que relação se busca com essa comunidade? Como colaborar no desenvolvimento das comunidades?
- Como sistematizar e avaliar permanentemente o projeto, aprendendo da própria prática para crescer?

Claro que existem elementos de significação universais, atrelados à reflexão da relação entre educação e meio ambiente que devemos considerar também na sua construção.

O projeto é político – tenta colaborar na construção de uma cultura sustentável, democrática, justa e equitativa

A escola, diante da atual crise socioambiental, já não pode se limitar a construir as condições para o acesso a estudos superiores ou à formação para o mercado de trabalho.

> Nesse contexto, uma das principais finalidades da escola deveria ser a formação cidadã.
>
> Sem a participação crítica dos cidadãos não enxergamos alternativas para produzir mudanças sociais, nem em relação aos problemas ambientais, nem contra a corrupção e a injustiça que nos assola, nem contra a manipulação implacável que a mídia protagoniza no cotidiano, criando um reflexo psíquico da realidade distorcido pelos interesses comerciais e políticos.

Diante do aprofundamento da crise socioambiental, a escola não pode se limitar a almejar uma sociedade sustentável sem colaborar na construção das mínimas condições necessárias para o exercício da cidadania.

Assim, o projeto deveria considerar como meta a construção de uma nova cultura, superando a visão antropocêntrica, hedônica e consumista que vivemos em favor de uma perspectiva social biocêntrica, em que as pessoas tenham valor pelo que são, e não pela aparência ou a riqueza que possuam.

> Precisamos de um projeto que colabore fortemente na construção de uma nova cidadania, ativa, participativa, crítica e solidária, trazendo novos fundamentos em relação ao que significa sucesso, felicidade, fracasso, amizade e amor.

O projeto político-pedagógico é um instrumento imprescindível em uma gestão escolar democrática, articulada e coerente. É na instância institucional que o planejamento expressa o consenso da comunidade educativa em torno de visões de mundo, valores, condutas, atitudes e formas de pensamento, propondo alternativas de melhoria permanente.

Por isso, todo projeto pedagógico de escola é, também, um projeto político por estar intimamente articulado ao compromisso sociopolítico com os interesses reais e coletivos da população.

Interesses que configuram a relevância cultural das atividades educativas realizadas pelo "sujeito em seu ambiente", uma poderosa metodologia para capturar o interesse das crianças e desenvolver a motivação necessária para aprender.

O projeto, por ser uma construção coletiva de equipes gestoras – pedagogos, professores, alunos e comunidade escolar –, quando concebido, desenvolvido e avaliado como uma prática social gera fortes laços de pertencimento, identidade e compromisso.

> O projeto pedagógico expressa também a capacidade reflexiva da organização, possibilitando a constituição de uma escola que não só ensina, mas também aprende consigo mesma.

Peter Senge (1990) afirma que as organizações que aprendem têm conseguido institucionalizar processos de reflexão e aprendizagem institucional no planejamento e avaliação das suas ações, adquirindo assim uma nova competência imprescindível quando se fala de educação (aprender a aprender).[10]

---

[10] Entende-se por metacognição a habilidade de pensar sobre o pensamento, no sentido de retornar aos próprios processos mentais, sendo cada um o próprio objeto de reflexão. Metacognição é, pois, "o conhecimento sobre o conhecimento e o saber, e inclui

O pressuposto deste enfoque é que as instituições também "aprendem", como as pessoas. Como um coletivo, as instituições têm uma memória das suas lutas e demandas e são um organismo vivo que reflete sobre sua realidade e seu futuro, assumindo postura de não neutralidade diante dos distintos caminhos a seguir (Freitas *et al.*, 2004, p. 71).

Esse exercício de pensamento crítico inclui a capacidade tanto de modificar a própria ação, como saber usar melhor os recursos para resolver um problema concreto. Um projeto que, ao contrário do que muitos acreditam, é muito mais do que um simples documento.

> É um todo dinâmico, ou seja, ao mesmo tempo produto e processo. Já que, assim como a escola, é um permanente *sendo* em relação à construção da sua identidade, o projeto político-pedagógico não tem como não ser questionado, avaliado e reconstruído a cada passo do desafio de aprender e ensinar.

Deve ser um projeto vivo que não só questiona os métodos e as estratégias, mas também os próprios objetivos e metas da instituição escolar. Um projeto que pronuncia uma

---

o conhecimento das capacidades e limitações dos processos do pensamento humano, do que se pode esperar que saibam os seres humanos em geral e das características de pessoas específicas – em especial, de si mesmo – quanto a indivíduos conhecedores e pensantes. Podemos considerar as habilidades metacognitivas como aquelas habilidades cognitivas que são necessárias ou úteis para a aquisição, o emprego e o controle do conhecimento e das demais habilidades cognitivas. Incluem a capacidade de planificar e regular o emprego eficaz dos próprios recursos cognitivos" (Nickerson, 1987, p. 125).

gestão verdadeiramente democrática da escola, no qual professores, alunos, pais e funcionários têm direitos e deveres, assumindo sua responsabilidade na gestão escolar. Em que se experimenta, vivencia e se aprende a exercer a cidadania em forma responsável.

> A gestão democrática deve estar impregnada por uma certa atmosfera que se respira na escola, na circulação das informações, na divisão do trabalho, no estabelecimento do calendário escolar, na distribuição das aulas, no processo de elaboração ou de criação de novos cursos ou de novas disciplinas, na formação de grupos de trabalho, na capacitação dos recursos humanos, etc. A gestão democrática é, portanto, atitude e método. A atitude democrática é necessária, mas não é suficiente. Precisamos de métodos democráticos de efetivo exercício da democracia. Ela também é um aprendizado, demanda tempo, atenção e trabalho. (Gadotti, 1998)

Infelizmente, ainda vivenciamos uma prática em que nem todos os atores do processo educativo fazem parte da construção do projeto político-pedagógico. Na maioria das vezes, apenas o diretor junto com um professor ou coordenador pedagógico elaboram o projeto, que serve apenas para o cumprimento de uma tarefa burocrática e depois é arquivado em alguma gaveta.

Ainda que a maioria dos professores participe da sua elaboração, observamos na análise de projetos político-pedagógicos que estes aparecem mais como declarações de intenções que como planejamentos estratégicos, considerando objetivos, metas, recursos humanos, recursos materiais, cronogramas e tempos, modelos de organização institucional, metodologias, ações e indicadores de avaliação em processo e final.

> Se a essência do planejamento consiste na sua capacidade de guiar a ação, compete ao projeto político-pedagógico a operacionalização do planejamento escolar, em um movimento constante de reflexão-ação-reflexão.

Uma escola que realmente queira colaborar na construção de alternativas para a crise socioambiental atual deve superar o voluntarismo de alguns professores comprometidos e institucionalizar a transformação por meio de um diálogo democrático e formativo. Deve, ainda, superar o planejamento individualista de cada professor para tentar construir um plano conjunto dialogado e consensual, somando esforços e aumentando o grau de coerência entre as diversas partes que formam o todo da instituição educativa e do processo de ensino e de aprendizagem.

Deve, enfim, preparar um projeto que, desde uma visão complexa, significa mais do que a soma dos vários projetos pessoais de cada professor, constituindo-se em um plano coletivo, formado por ações e operações individuais e coletivas, na busca de objetivos comuns. E, sobretudo, que supere os diferentes discursos que desmoralizam a instituição educativa, e toda a comunidade.

O projeto também é duplamente pedagógico

Por um lado, o processo da elaboração e execução do projeto político educa, colabora para a formação da cidadania, para a aprendizagem do diálogo e da tolerância, para o fortalecimento do pensamento crítico-reflexivo e do planejamento. Este processo se configura como um espaço em que se aprende a conviver, a ser um coletivo e a colocar em prática valores, atitudes e conhecimentos dos mais variados campos do saber, epistemológicos, psicológicos, antropológicos, pedagógicos e didáticos, entre outros.

> Lembremos que escola é vida e não preparação para a vida. Só se aprende a viver, vivendo; só se aprende a fazer, fazendo; só se aprende a pensar, pensando; a refletir, refletindo; a dialogar, dialogando; a questionar, questionando.

Por outro lado o projeto é pedagógico, já que tenta traduzir os objetivos políticos em atividades e ações que permitam alcançá-los. Deste ponto de vista se interroga acerca de como formar cidadãos com as características necessárias para a formação de uma nova cultura da sustentabilidade, questionando fortemente as práticas pedagógicas tradicionais que consistem em transmitir conhecimentos a serem memorizados e depois repetidos ao professor, por meio de provas e testes para verificar o aprendizado.

> Questionamos os métodos tradicionais que fortalecem o pensamento empírico, dicotômico, descritivo, simplificador e classificatório; e os estilos de pensamento que têm se demonstrado incapazes de formar pessoas que possam compreender os desafios socioambientais do presente e de se comprometer, como indivíduos e como cidadãos, na defesa do ambiente e da melhoria da qualidade de vida.

Acontece que, como afirma Davídov (1988b), muitos dos professores ainda não compreenderam que o ensino propicia a apropriação da cultura e, ao mesmo tempo, o desenvolvimento do pensamento. Para o autor, dois processos que se encontram articulados entre si, ou seja, os conhecimentos de um indivíduo e suas ações mentais (abstração, generalização, etc.), formam uma unidade.

O autor segue explicando:

> Segundo Rubinstein, "os conhecimentos [...] não surgem dissociados da atividade cognitiva do sujeito e não existem sem referência a ele". Portanto, é legítimo considerar o conhecimento, de um lado, como o resultado das ações mentais que implicitamente abrangem o conhecimento e, de outro, como um processo pelo qual podemos obter o resultado no qual se expressa o funcionamento das ações mentais. Consequentemente, é totalmente aceitável usar o termo "conhecimento" para designar tanto o resultado do pensamento (o reflexo psíquico da realidade), quanto o processo pelo qual se obtém esse resultado (ou seja, as ações mentais). "Todo conceito científico é, simultaneamente, uma construção do pensamento e um reflexo do ser." Deste ponto de vista, um conceito é, ao mesmo tempo, um reflexo do ser e um procedimento da operação mental. (Davídov, 1988b, p. 21)

Assim, não se pode separar método e conteúdo, como também tem assinalado Pozo (1998), para o qual essas são as duas faces da mesma moeda. Não se pode simplesmente incorporar novos conhecimentos que "ensinem às pessoas comportamentos social ou ambientalmente corretos", sem promover a sua construção e reconstrução por meio de métodos que potencializem estilos de pensamento, atitudes e valores associados a eles, bem como conhecimentos situados no contexto de vida das pessoas, possibilitando, assim, engrenar o principal motor do processo de aprendizagem, a motivação intrínseca, ou o desejo de aprender.

> Como proposta, a interdisciplinaridade aborda a complexidade do processo de ensino e aprendizagem, derrubando as fronteiras entre os conteúdos e os métodos, promovendo o desenvolvimento de estilos de pensamento adequados aos objetivos a alcançar e aos conteúdos a desenvolver.

Esta perspectiva amplia o conceito de conteúdo, incorporando não só dados e informações que fazem parte do currículo, mas também o contexto cultural, os valores, os afetos e os métodos.

Lamentavelmente, vivemos uma contradição constante entre o que se deseja e o que se faz. Se coincidirmos na necessidade de formação de sujeitos críticos, ativos, participativos, justos, abertos às mudanças, necessitaremos criar experiências em que se permita vivenciar essas novas competências.

Assim, se realmente queremos trabalhar com uma educação que possibilite formar as novas gerações numa cultura de sustentabilidade, devemos resgatar a complexidade do processo de ensino e aprendizagem, enxergando o projeto político-pedagógico à luz da psicologia histórico-cultural.[11] Isso possibilita o reconhecimento da complexidade do desenvolvimento psicológico, e, claro está, do processo de aprendizagem, destacando a importância da cultura institucional e das salas de aula, do contexto social e da atividade educativa como eixos centrais desse processo.

Como diz Beatón (2005, p. 113):

> O enfoque histórico-cultural se fundamenta no fato de que o desenvolvimento psicológico é um processo muito complexo que tem sua origem ou fonte nas condições e na organização do contexto sociocultural que influi sobre o sujeito, em todo o decurso de sua história pessoal, mas que se produz, definitivamente, como resultado da acumulação de sua experiência individual, a partir de suas vivências.

Vivências que os sujeitos experimentam nas diversas atividades educativas desenvolvidas que, independentemente do tema tratado, determinam a aprendizagem última construída pelos alunos, com poder maior que os dizeres do tema a ser abordado.

O método é um conteúdo em si mesmo que pode estar em consonância com o "conteúdo curricular" ou em disso-

---

[11] O desenvolvimento pessoal é uma construção eminentemente cultural que acontece em determinado contexto mediante a realização de atividades sociais compartilhadas.

nância com este, produzindo contradições de difícil resolução. Dessa forma, método e conteúdo seriam as duas caras de uma mesma moeda (Pozo, 1998).

Como afirma Berstein (1987, p. 47):

> A escola deve se transformar numa comunidade de vida e a educação deve ser concebida como uma contínua reconstrução da experiência. Comunidade de vida democrática e reconstrução da experiência baseada no diálogo, na comparação, no respeito real pelas diferenças individuais, sobre cuja aceitação pode se assentar um entendimento mútuo, o acordo e os processos solidários.

Como proposta, a interdisciplinaridade aborda a complexidade do processo de ensino e aprendizagem, derrubando as fronteiras entre os conteúdos e os métodos, promovendo o desenvolvimento de estilos de pensamento adequados aos objetivos a alcançar e aos conteúdos a desenvolver.

A teoria da atividade, na sua segunda geração, segundo Engeström (1987), retoma o triângulo básico da mediação de Vygotsky (sujeito, mediadores e objetos) e as categorias conceituais introduzidas por Leontiev (atividade, ação e operação), conceitualizando a atividade como sistema, incluindo, como mediadores entre sujeito e objeto, a comunidade, a divisão do trabalho e as regras necessárias para obter os resultados esperados com a atividade.

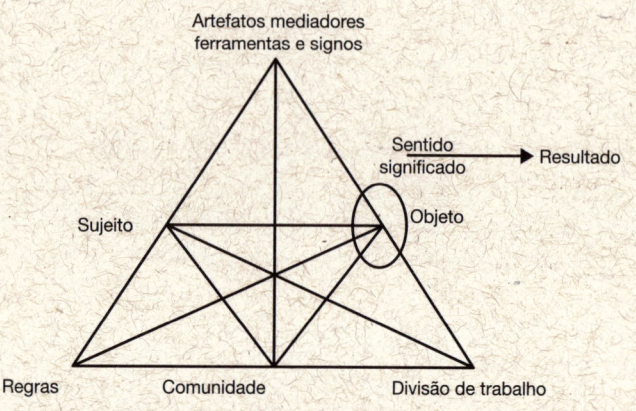

Figura 3: Estrutura de um sistema de atividade humano.
Fonte: Baseado no esquema de Engeström (1987).

> É por meio de atividades que os alunos se apropriam da realidade objetiva e, ao mesmo tempo, constroem a sua consciência. É mediante a reconstrução dos conhecimentos vulgares que se ajudam os alunos a compreender que todo conhecimento se encontra condicionado por contextos.

Dessa forma, o projeto político-pedagógico não só apresenta uma visão complexa da escola, mas também do que significa aprender e ensinar. Uma visão na qual se supera o reducionismo apresentado pelo positivismo com seus métodos passivos, classes magistrais, e se abre a consideração da aprendizagem como atividade.

Nesta linha, os métodos não poderiam se caracterizar como bons ou ruins, mas adequados ou inadequados aos objetivos que se pretendem alcançar. Isso considerando que, por causa da grande quantidade e diversidade de resultados de aprendizagem que a sociedade atual demanda, seria impensável considerar que um mesmo método poderia dar conta de tudo.

Isso exige de nós superar não só a tradição pedagógica de modelos mediacionais centrados no professor, baseados em métodos passivos de transmissão de informação, mas também os modernismos que tendem a reduzir todos os resultados de aprendizagem aos métodos críticos e construtivos.

Pozo (1998) assinala que, em função das necessidades de aprendizagem, podem ser utilizadas diversas estratégias. Quanto mais abertas e variáveis as condições dos contextos em que devemos aplicar os conhecimentos, mais relevantes tornam-se os métodos construtivos; quanto mais repetitivas e rotineiras sejam estas condições, mais eficaz é o método associativo. Isso sem descartar a relação entre métodos num mesmo processo de aprendizagem, construindo sistemas flexíveis, dinâmicos e dialéticos.

> Assim, como Habermas já tinha considerado, em relação à construção de conhecimentos, como veremos no item "Projeto curricular institucional", à complementaridade abre espaço.

Um projeto político-pedagógico, para ser entendido como atividade, parte de necessidades sentidas pelo coletivo escolar – já que atividade sem motivo não é atividade, mas ação sem sentido –, desenvolvendo um plano coordenado para atingir os resultados que respondam às necessidades sentidas. Há quanto tempo não perguntamos quais são as necessidades dos nossos alunos e professores? Há quanto tempo atuamos de forma automática, tentando obrigar a comunidade de atores educativos a fazerem coisas sem sentido?

Como afirma Leontiev (1994, p. 68), são considerados atividades "os processos psicologicamente caracterizados por aquilo a que o processo, como um todo, se dirige (seu objeto), coincidindo sempre com o objetivo que estimula o sujeito a executar esta atividade, isto é, o motivo".

Ou seja, uma instituição educativa que consegue estruturar objetivos coletivos que articulem os motivos individuais consegue que os professores trabalhem com ações e operações integradas, colaborando, todos, na obtenção dos resultados educativos consensuais.

> O projeto-atividade permite, dessa forma, o aprofundamento da construção consciente da identidade do coletivo da escola e o crescimento pessoal e profissional dos educadores, ao mesmo tempo em que promove também mudanças organizacionais na instituição escolar, como reorganização dos espaços, novos horários de funcionamento, etc. (Araújo; Camargo; Tavares, 2002).

Assim, a atividade é um sistema articulado e coerente composto por unidades básicas totalmente integradas, ou seja, sem condição de análise separada, isto é, incluindo os motivos que impulsionam a atividade, a relevância cultural dos objetivos de estudo, as ações que se desprendem imediatamente dos objetivos e que constituem o motivo da ação dos alunos, respondendo às suas necessidades e as operações, ou seja, a forma de levar adiante as ações.

> Ao mesmo tempo, as atividades articulam estilos de pensamento, sentimentos, reflexos psíquicos da realidade, valores, habilidades e competências complexas, desterrando de uma vez a redução do "ser humano" aluno à máquina de armazenamento de informação pronta e do "ser humano" professor à máquina de transmitir informação.

Como afirmam Bernandes & Oriosvaldo de Moura (2009):

> A unidade molar formada pelas "unidades básicas" atividade-ação-operação, permeada pelos reflexos psíquicos e estabelecida pelos objetivos conscientes e concretos configura a atividade como uma ação consciente humana.

Essas atividades não só facilitam o desenvolvimento de competências, de conhecimentos, estilos de pensamento, habilidades e valores; mas também a abordagem da interdisciplinaridade necessária para construir uma visão complexa do mundo que nos rodeia.

Projeto curricular institucional

O projeto curricular da escola é o lugar no qual se concretizam tanto as políticas educativas (federais, estaduais e municipais), como o projeto político-pedagógico da escola. Sem este, o projeto político-pedagógico acaba sendo um discurso de intenções sem possibilidades reais de desenvolvimento.

É um integrador das diversas áreas de conhecimento, possibilitando um ensino compreensivo e interdisciplinar, constituindo um guia para o planejamento, desenvolvimento e avaliação das atividades pedagógicas, possibilitando uma prática reflexiva.

O currículo institucional, ao mesmo tempo, constitui uma sólida base para a adequação do projeto educativo ao contexto específico de cada escola, dotando as atividades educativas de uma relevância sociocultural que motiva os alunos para o estudo e os pais para a avaliação da importância da escola para seus filhos.

Não devemos esquecer que o desinteresse dos alunos pela escola se deve, em parte, ao grande distanciamento entre os conteúdos programáticos e as experiências dos alunos. Currículos baseados num academicismo abstrato que ignora os interesses das crianças sem dar espaço à curiosidade delas.

> O currículo institucional é uma garantia de coerência entre o que somos e o que desejamos ser, e entre as atividades que os diversos professores desenvolvem na instituição.

> Falamos de projetos curriculares integrados não no sentido de uma mera reorganização e articulação dos conteúdos das disciplinas, mas numa abordagem do que se pode designar por "currículo compreensivo". "Isto é, um currículo em que os conteúdos das disciplinas são convocados por serem necessários para compreender e analisar uma situação, ou por serem funcionais para encontrar uma resposta e organizar intervenções." (Leite, 2002)

Falamos em projetos nos quais os conteúdos educativos[12] não só abordam o que ensinar (através dos conceitos, procedimentos e valores), mas também quando ensinar (com critérios claros de sequenciação e elaboração de eixos conceituais), como ensinar (com a elaboração de modelos de participação social, estratégias e estilos pedagógicos, recursos didáticos e distribuição de tempos e espaços) e o que, como e quando avaliar, para desenvolver uma prática reflexiva.

Esses projetos têm uma articulação horizontal, entre as diversas áreas de conhecimento ao longo de um período de tempo, e vertical, buscando um currículo em espiral que possibilite ir ganhando cada vez mais alcance e aprofundamento do tema.

Refere-se a um projeto compreendido como processo, que envolve o conhecimento e as suas metodologias, o processo de aprendizagem e um enfoque coerente de ensino em relação aos anteriores.[13]

---

[12] Esta abordagem justifica-se no reconhecimento de que um conteúdo é muito mais que simples informação a ser transmitida.

[13] Nesse sentido, o currículo passa a ser entendido como um eixo dinâmico, integrador e estimulador de todas as ações projetadas e desenvolvidas pela escola. A ideia de um currículo integrador contém em seu núcleo o princípio da unidade na diversidade, pois é na diversidade e na dinâmica das ações desenvolvidas pela escola em torno de eixos integradores que ela produzirá sua unidade como proposta pedagógica.

> A proposta é criar um currículo visualizado como um projeto global, integrado e flexível, possível de ser traduzido numa prática concreta, como Stenhouse (1975) sugeria, um marco flexível para a inovação curricular. Um currículo como projeto a experimentar na prática por meio do trabalho e da colaboração dos professores, demandando um novo papel dos professores, que deixam de ser meros reprodutores para se tornarem, na prática, professores pesquisadores.

Infelizmente, a maioria das escolas não possui um projeto curricular institucional, e este acaba sendo o resultado da somatória dos planejamentos didáticos anuais isolados de cada professor realizados sobre a base dos conteúdos básicos comuns ou dos currículos estaduais e municipais.[14]

Como se isso fosse pouco, muitos projetos curriculares reduzem o currículo à dimensão do que ensinar, dando prioridade aos conhecimentos conceituais e suas dimensões descritivo-explicativas e operacionais, sem fazer referência nenhuma aos conhecimentos valorativos, afetivos, compreensivos e críticos, e muito menos ao restante das dimensões que configuram o currículo oculto da organização.

A dimensão curricular causa inúmeros problemas à educação atual. Parece não se perceber que já não há tempo para os programas escolares incorporarem mais e mais

---

[14] Cada professor planeja a sua aproximação, não só de forma isolada, mas sem saber o que os colegas da escola estão planejando nas outras áreas de conhecimento ou com outras turmas. Temos observado que a comunicação interna, tanto entre as secretarias de educação e as escolas, como entre professores da mesma escola é muito precária, para não dizer inexistente.

conteúdos fragmentados, como se o fato de constar no programa fosse uma garantia de ensino e aprendizagem.

Há uma quantidade de informação tão grande e fragmentada que acaba por gerar uma louca correria por cumprir as atividades escolares e alcançar uma boa nota, matando a curiosidade e a vontade de aprender, produzindo um processo de saturação cognitiva que bloqueia a aprendizagem.

> É tanto conteúdo que se quer incorporar ao currículo escolar que terminamos construindo um ensino superficial, em que não conseguimos superar as dimensões descritivas e alcançamos quando muito as dimensões explicativas dos fenômenos estudados.

O paradigma da simplicidade, do qual a crise socioambiental e a escola atual são frutos, tem conseguido isolar as escolas da sociedade e do mundo. Assim, ensina-se na escola sobre a sociedade, mas os alunos não a compreendem; ensina-se sobre o universo, mas também sem chegar a compreendê-lo; sobre a vida, sem compreendê-la. A escola está construindo alunos isolados, incapazes de dialogar, de avaliar pontos de vista, repetidores do conhecimento aprendido, memorísticos, irreflexivos e mecânicos. Indivíduos que não olham contextos nem relações de interdependência.

Essa escola de que falamos leva o gérmen da ciência moderna, com todos seus defeitos e nenhuma das suas virtudes, sua superespecialização, a apresentação de verdades absolutas e imutáveis, a crença de que a ciência tudo pode resolver, a ilusão de que o conhecimento científico é neutro, a eliminação dos contraditórios, entre outros.

Só um pensamento muito ingênuo pode acreditar que incorporar algumas horas por semana de conteúdos, ainda que estes sejam muito esclarecedores, pode produzir efeito em meio a uma avalanche de informações de todas as áreas de conhecimento.

> Como podemos pensar que a simples incorporação de conteúdos ecológicos no currículo pode realmente colaborar na formação de uma nova cultura?

Essa pedagogia de que falamos reclama a emergência de um planejamento interdisciplinar integrado, não só no interior das disciplinas, promovendo aprendizagens significativas, mas também entre as diversas disciplinas que compõem o currículo. Reclama um planejamento construído entre os diversos professores que compõem o corpo docente, articulando os diversos planos didáticos num todo coerente, dando sentido e identidade ao trabalho educativo.

> A pedagogia ambiental tenta superar os conteúdos fragmentários, dispersos, confusos, irrelevantes e sem coerência interna que se tenta transmitir nas instituições educativas e questiona o abandono do planejamento educativo, da didática e do surgimento do império da improvisação.

É uma pedagogia que deve ter um significado lógico, ou seja, um fio condutor, um roteiro de apresentação, uma narrativa. Nesse novo caminho será possível superar o conhecimento descritivo-explicativo avançando na construção de um conhecimento compreensivo, que a partir de uma visão complexa do real, como salienta Morin (1998) "tece e entretece em conjunto" na busca das interconexões, das inter-relações, construindo um diálogo profundo que tenta dissipar a interdefinibilidade existente entre as partes e o todo que o significa (García, 1994).

> Assim, uma disciplina não pode ser entendida como tal se é apresentada como um simples amontoado de ideias ou um conjunto de temas, tópicos e ações fragmentadas.

Torna-se urgente uma transformação que possibilite questionar a organização dos currículos, estruturados numa visão cartesiana do mundo que divide o conhecimento em áreas demarcadas por muros epistemológicos. É preciso transformar a visão que os professores têm dos cursos, considerados como listas de disciplinas.

O diálogo entre professores de diversas disciplinas não é suficiente para possibilitar uma aprendizagem complexa e interdisciplinar. As grades e as estruturas institucionais, como afirma Santos (2007), funcionam como esquemas mentais que impedem o fluxo de relações existentes entre as disciplinas e as áreas de conhecimento. São barreiras que têm que ser superadas para se conquistar uma educação complexa. Como já foi ressaltado, não é um simples diálogo entre professores que produzirá o efeito procurado, mas é necessária a transformação da organização das instituições e das grades curriculares.

> Evidentemente, a soma das disciplinas não constitui o "todo" do conhecimento que se pretende alcançar nos objetivos dos cursos, o que implica forte contradição interna que abala profundamente a estrutura de alguns cursos interdisciplinares.

Ao assumir que o todo não é somente a simples soma das partes (Morin, 1998) – já que a soma do conhecimento das partes não é suficiente para se conhecer as propriedades do conjunto – como podemos continuar entendendo os cursos como somatórias de disciplinas compartimentadas numa grade curricular?

Como vemos em Luzzi & Philippi (2011), a transformação das grades curriculares e da estrutura institucional não é suficiente. É necessária uma mudança que cale fundo na base epistemológica dos currículos, superando a construção de conhecimentos dicotômicos, que ergue um mundo de falsos opostos, cegando a possibilidade de elucidar o dinâmico *continuum* que apresenta a realidade, dando origem a uma prática pedagógica organizada nos moldes da disjunção dos pares binários: simples-complexo, parte-todo, local-global, unidade-diversidade, particular-universal, sujeito-objeto, conteúdo-método, ensino-aprendizagem.

Essa mudança urgente deve penetrar nos estilos de pensamento promovidos pelos métodos educativos, superando as visões descritivas e explicativas na busca da compreensão do mundo. Assim, ao integrar, contextualizar e situar os conhecimentos, possibilite abrir as vias para a compreensão das múltiplas inter-relações existentes entre as partes e com a dinâmica do todo, que as dota de sentido. Esse é, pois, um processo de construção de conhecimento que pode ser considerado um permanente *sendo*, inacabado e em permanente processo de construção.

Deve possibilitar essa transformação, a construção de uma metodologia ativa, que considere o conhecimento ação incorporada (Maturana & Varela, 1997), e não um simples artefato de armazenamento na memória. O que se quer é uma educação que ensine a pensar, e a pensar sobre o já pensado, aprendendo a aprender. Que, superando a visão cartesiana em relação à neutralidade e à objetividade do conhecimento, recupere os valores associados ao saber, colaborando com a formação de cidadãos e profissionais com uma ética de vida que guie a sua atuação cotidiana, procurando, sobretudo, formar boas pessoas, abertas às diferenças, ao diálogo e ao desconhecido.

> É necessário conceber uma educação interdisciplinar que resgate os diversos conteúdos educativos esquecidos pelos currículos, os métodos, os contextos culturais, as redes de comunicação, a distribuição dos espaços e tempos educativos, o planejamento pedagógico e didático, entre outros.

Modelo de gestão escolar

Toda organização tem um conjunto de normas e regras que regulam a sua atividade, estabelecendo direitos e deveres. Assim funciona no Estado (Constituição), em organizações diversas (estatutos), em empresas (contrato social) e também em estabelecimentos escolares, com seu regimento escolar,[15] documento que resume o consenso escolar acerca de seu governo, quer dizer, as normas irão reger a convivência dos habitantes da escola e estabelecer as bases da cultura.

Em muitas escolas, o regimento escolar é algo que há muitos anos ninguém lê ou com o qual não se preocupam em prestar a mínima atenção; já em outras, é resultado de uma imposição da equipe gestora da escola. Em outras ainda, a análise dos regimentos internos mostra uma escola onde professores e alunos só têm deveres, mas não direitos: a disciplina se impõe mediante punições arbitrárias, as decisões são tomadas pelas autoridades sem ouvir os alunos, o respeito só vale para professores e autoridades e não para alunos e pais e a tolerância já se perdeu, dando lugar a ressentimento e agressão

---

[15] O regimento interno da instituição indica que mecanismos serão utilizados para mediar conflitos, que formas de participação cada um dos atores educativos possuirá, que sistemas de comunicação interna (canais de comunicação) se estabelecerão, como se organizarão para colaborar na construção de uma comunidade de ensino e de uma comunidade de aprendizagem que colaborem com os ideais de escola elaborados, como serão tratados os alunos que não cumprirem com o regimento, as punições, bem como todos os pequenos detalhes que determinam os hábitos da escola, horários, atrasos, faltas, entre outros.

verbal e não verbal, inclusive entre professores e alunos. Onde a discriminação por raça, religião ou setor socioeconômico é a norma que rege as relações entre professores e alunos e entre professores e pais.

A escola, ainda no século XIX, tenta pressionar os alunos cada vez mais com a autoridade para obter ordem, silêncio, imobilidade e disciplina;[16] procurando homogeneização, docilidade, submissão à ordem e à autoridade. Uma escola conservadora governada através do autoritarismo ou paternalismo aberto ou encoberto.

Para Foucault, o poder está ligado ao corpo. É sobre ele que se impõem as obrigações, as limitações e as proibições. Daí surge a noção de docilidade. Na escola é fácil enxergar esses comportamentos: no recreio não se pode correr, "para não cair e se lastimar", ou brincar com terra, para não se sujar, ou subir na árvore, para não cair. Na sala de aula temos que nos sentar corretamente para não termos problemas de coluna, levantar a mão para ir ao banheiro, não podemos olhar de lado nas atividades educativas, muito menos falar com o colega. Nos atos temos que estar em fila, bem alinhados, como os exércitos ou os presos, os pais têm uma faixa amarela na porta da escola, que não podem ultrapassar durante o horário da saída, para não desordenar as crianças.

---

[16] Para Foucault a disciplina é uma anatomia política do detalhe (Foucault, 1999). A disciplina se torna a forma estruturada e organizada das relações humanas por meio dos detalhes.

> Assim, os alunos aprendem a silenciar, não desenvolvem o sentido de responsabilidade e de autonomia, não aprendem a participar, a pensar por si mesmos, mantendo-se dependentes de alguém que sempre tem que dizer o que fazer e como fazê-lo. Ou seja, não desenvolvem na escola o que para muitos é um dos verdadeiros objetivos relevantes da escola: propiciar o desenvolvimento cognitivo-afetivo dos alunos.

O problema com as diretivas que configuram as relações sociais nas escolas é que essas relações não são elementos externos, elas se internalizam nos habitantes da escola, conformando parte da cultura e da personalidade de cada um.

> Os pedagogos começam a compreender que a tarefa da escola contemporânea não consiste em dar às crianças uma soma de fatos conhecidos, mas em ensiná-las a orientar-se independentemente da informação científica ou de qualquer outra. Isto significa que a escola deve ensinar os alunos a pensar, quer dizer, desenvolver ativamente neles os fundamentos do pensamento contemporâneo para o qual é necessário organizar um ensino que impulsione o desenvolvimento. Chamemos esse ensino de "desenvolvimental". (Davídov, 1988a, p. 3)

A relação dos indivíduos com a realidade tem como suporte (mediação) a representação simbólica dessa realidade compartilhada pelos membros de um grupo social. Uma representação social da realidade. Aí aparece a importância da cultura escolar e dos modelos de gestão expressados nos regimentos internos.

Como afirma Dewey (*apud* Bruner, 2001, p. 12): "A cultura forma a mente, que nos dá a ferramenta por meio da qual construímos não só nossos mundos, mas também as próprias concepções de nós mesmos e de nossos poderes".

> A escola não é uma aprendizagem para a vida, é a vida mesma. Não é uma preparação para a cultura, é a cultura mesma. Aprendemos o que vivenciamos; todo conhecimento construído na escola dialoga com os contextos onde foram desenvolvidos, conformando aprendizagens que não constam do currículo, mas se aprendem assim mesmo: o famoso currículo oculto.

Por isso, o regimento interno e o modelo de gestão têm que estar em absoluta coerência com o projeto político-pedagógico. Se quisermos construir aprendizagens necessitamos ser partícipes dos projetos que a escola elabora.

Como afirma Gadotti (1994, p. 2):

> Aluno aprende apenas quando se torna sujeito de sua aprendizagem. E para ele tornar-se sujeito de sua aprendizagem, ele precisa participar das decisões que dizem respeito ao projeto de escola de que faz parte, e também do seu projeto de vida. Não há educação e aprendizagem sem sujeito da educação e da aprendizagem. A participação pertence à própria natureza do ato pedagógico.

O modelo de gestão escolar e o regimento interno da escola representam outro nível de concretização do projeto político-pedagógico. Um nível ao qual se presta pouca atenção, mas que se constitui como um dos operadores do projeto político-pedagógico da instituição e, ao mesmo tempo, uma das contradições mais comuns nas escolas.

Por exemplo, a violência hoje ocupa um lugar de destaque nas escolas públicas de todo o continente, mas a violência, às vezes, não é resultado, como professores e gestores gostariam de acreditar, da sociedade ou dos entornos familiares. Às vezes a violência é resultado da repressão de ideias, comportamentos, sentimentos e vozes dos alunos e professores.[17] A violência se relaciona intimamente com o desrespeito permanente aos direitos das pessoas e ao sentimento de justiça.

> Uma coisa é o que se diz na escola: encontramos o discurso educativo em prol da democracia, da formação cidadã, da participação em quase todas as escolas do país. O que não encontramos frequentemente são elementos que operacionalizem os discursos na construção da realidade vivida.

A escola precisa se democratizar, com todas as dificuldades que uma democracia apresenta, buscando o debate, o consenso, aprendendo a se colocar no lugar do outro, a escutar, a dialogar, a dirimir os conflitos pacificamente, a exercer a tolerância, a aceitar as diferenças, entre outras coisas.

---

[17] O certo é que, segundo Vygotsky (1979), os sujeitos não respondem aos estímulos de seu ambiente de forma passiva, mas atuam neles transformando-os por meio de instrumentos e signos que se interpõem entre os estilos e a resposta. Dessa forma, as pessoas não se adaptam passivamente às condições ambientais, mas as modificam ativamente.

Torna-se já impostergável a emergência de um novo estilo de liderança[18] nas escolas, já é impensável continuar com um estilo no qual o diretor e os professores mandam e os alunos e pais seguem. Faz-se necessário um novo modelo de gestão escolar com liderança partilhada, por mais difícil que seja a sua implementação, o qual pode ser traduzido na emergência do coletivo escolar, formado pelo coletivo dos professores, o coletivo dos alunos e o coletivo da comunidade educativa, assegurando uma participação autêntica, e não apenas simbólica, como em muitas escolas.

O bom desempenho da aprendizagem tem muito que ver com o exercício do poder que se correlaciona intimamente

---

[18] De acordo com o modelo de Owens (*apud* ONU, 1976): 1. Perfil autoritário: toda a dinâmica do grupo se estrutura com base no líder, que fixa os objetivos e decide os recursos a aplicar, instaura normas e estilo de funcionamento, controla pessoalmente a realização de cada atividade; 2. perfil *laissez-faire*: é a imagem do diretivo amável, condescendente, cômodo, que permite a cada membro do grupo seguir seu ritmo particular de rendimento. Não exerce qualquer tipo de supervisão, as normas surgem espontaneamente do grupo sem controle. A ausência de normas internas provoca insegurança e sensação de ineficácia no coletivo, que termina se desanimando e diminuindo o rendimento; 3. perfil democrático: exerce uma autoridade delegada pelo grupo. Convence com razões e respeita tanto a opinião das minorias como as decisões majoritárias, que executa e controla, ainda que não tenham sido propostas por ele. Promove a iniciativa pessoal de cada grupo e a criatividade, logrando normas mínimas que todos respeitam e áreas de autonomia que permitem livre experimentação e criação. Favorece as condutas cooperativas, criando e promovendo estruturas de apoio à participação. Exerce o controle e a supervisão das tarefas individuais; 4. perfil burocrático: dirige o processo educativo sobre a base da normativa legal, combinando autoridade, democracia e *laissez-faire*. Seu estilo de relação pessoal é frio e objetivo, interessado na interpretação estrita da legislação por sobre as iniciativas pessoais, a criatividade e os sentimentos.

com a forma como as decisões se tomam no interior do centro escolar.

Não devemos esquecer que as representações simbólicas são construídas e interiorizadas com base em contextos culturais concretos. O contexto cultural fornece os recursos materiais e simbólicos, os instrumentos técnicos, as estratégias, os valores com os quais cada pessoa constrói seus esquemas de representação e atuação; a partir desses esquemas legitimados na sua comunidade ele surge por meio da experiência física e da comunicação intersubjetiva.

> Se realmente queremos colaborar no desenvolvimento de cidadãos participativos, solidários, comunicativos, críticos, afetivos, tolerantes, que abracem as diferenças, com capacidades de transformação da realidade, pacíficos, comprometidos com a sociedade, devemos gerar culturas escolares que tenham esses atributos. Sem mais discursos.

Mais uma vez, notamos que a educação do presente reclama a superação do pensamento dicotômico, agora em relação à gestão do ensino. A gestão é mais um conteúdo do processo de aprendizagem, se entendermos conteúdo como:

> O conjunto da informação verbal e não verbal em jogo no processo de ensino-aprendizagem, informação no sentido mais amplo do termo, incluindo todos os elementos presentes numa situação determinada. Assim se consideram conteúdos as ideias prévias que os alunos possuem e as que geram no processo educativo, os procedimentos utilizados, as informações oferecidas pelo

> professor, a organização do espaço que se ocupa, o tipo de material que se utiliza, o clima afetivo que se gere. (Ires, 1991, p. 8)

Se os alunos só aprendem quando se tornam sujeitos da sua própria aprendizagem, torna-se uma obrigação a construção de espaços onde eles mesmos possam tomar decisões em relação ao projeto de escola que, como afirma Gadotti (2000), faz parte também do seu projeto de vida. Espaços que possibilitem o desenvolvimento do que Freire chama de consciência transitiva crítica, que, conforme explica Gadotti (1989), significa a consciência articulada com a práxis; uma consciência que só é capaz de se desenvolver em espaços onde prima o diálogo crítico, a fala e a convivência. Um espaço para se discutir ideias, para desvelar o mundo e se encontrar nele como sujeitos sociais.

Distribuição de espaços e tempos

Definir a organização espaço-temporal da escola constitui outro nível de concretização do projeto político-pedagógico e do projeto curricular institucional, já que possibilita criar condições mais favoráveis ao desenvolvimento de atividades educativas que atendam as necessidades dos estudantes, utilizando metodologias pedagógicas e didáticas planejadas, sejam estas na classe, em grupos ou em estudo individual, teóricas ou práticas.

> Podemos afirmar que o espaço não é um simples cenário ou uma variável independente que modifica os processos socioeducativos, mas uma espécie de mediador cultural em relação à gênese dos esquemas sensoriais, cognitivos e motores.

Se o sujeito é quem constrói o seu próprio conhecimento a partir da sua atividade no meio e das suas interações sociais com adultos e colegas, como dizem Frago & Escolano (1998, p. 26), "o espaço, o tempo, a linguagem, ou seja, nossas vivências e representações das mesmas, constituem aspectos-chave para compreender o social, para organizar nossas vidas, para viver e deixar viver".

Dessa forma, podemos entender o espaço escolar como um conteúdo.

> A arquitetura escolar é também por si mesma um programa, uma espécie de discurso que institui na sua materialidade um sistema de valores, como os de ordem, disciplina e vigilância, marcos para a aprendizagem sensorial e motora e toda uma semiologia[19] que cobre diferentes símbolos estéticos, culturais e também ideológicos. (Araújo; Camargo; Tavares, 2002)

É, pois, um instrumento didático que pode promover a comunicação e a convivência ou dificultá-las. Assim, concordamos com Jackson (1991), que coloca o espaço e o tempo

---

[19] Semiologia é a ciência geral dos signos, que estuda todos os fenômenos de significação. Tem por objeto os sistemas de signos das imagens, gestos, vestuários, ritos, etc.

como importantes elementos do currículo oculto, dando, entre outros, os seguintes significados ao espaço escolar:

- espaços de autoridade, onde só as autoridades escolares podem entrar;
- espaços de gênero;
- espaços de ócio, onde as crianças se socializam muito mais do que na sala de aula;
- espaços de trabalho, aqueles espaços que possuem finalidades didáticas;
- espaços de encontro, tanto de alunos como de professores e de pais;
- espaços de mobilidade, analisando o trânsito em diversas circunstâncias como entradas e saídas da escola, recreios, emergências;
- espaços da diversidade, ou a adequação dos espaços às características dos usuários com necessidades especiais; e
- espaços de participação.[20]

Mas quem determina os espaços na escola? E tendo como base que critérios? A maioria das vezes é o arquiteto ou engenheiro a cargo da obra em conjunto com alguma autoridade da prefeitura, sem considerar a opinião das equipes pe-

---

[20] A configuração e a disposição do espaço físico encarnam o modo como se enxerga o processo de ensino e de aprendizagem.

dagógicas das universidades, centros de pesquisa, secretarias de educação, e das próprias escolas.

A maioria das decisões tomadas na construção das escolas não se baseia em conhecimentos psicológicos, pedagógicos ou didáticos, e em muitas ocasiões sequer pelo mais comum dos sentidos, mas sim considerando seu uso. As decisões são tomadas pelo custo e pela facilidade na sua construção.

Assim, encontramos verdadeiros absurdos na construção escolar: cozinhas com amplas janelas que dão para o estacionamento dos carros dos professores, a dois metros de distância dos canos de escape e com a norma de parar em ré; outras que possuem barreiras ao trânsito dos alunos, com portas e corredores estreitos, escadas largas com degraus estreitos, sem corrimão no centro da escada, com salas retangulares, pequenas, pintadas de cores depressivas, mal iluminadas e mal ventiladas, entre outros.

Outro debate a ser feito é definir o que é mais importante priorizar na construção ou na reforma das escolas: estacionamentos para os carros dos professores ou áreas verdes para os alunos?

Percorrendo as escolas podemos observar um número significativo das que não possuem nenhuma área verde ou hortas para as crianças experimentarem e brincarem ao ar livre e ao sol, ou espaços de laboratórios, mas têm amplos estacionamentos para os carros dos professores.

O espaço escolar é também importante porque, assim como a cultura derivada dos modelos de gestão, influi na representação social[21] que temos da escola, como Sanchez Hipola (1994) afirma, a imagem da escola como instituição seria resultado de uma representação internalizada, configurando diferentes significados que alunos, professores e pais outorgam às práticas e atividades que se desenvolvem em seu interior.

Como diz Arruda (2002):

> As representações sociais[22] constituem uma espécie de fotossíntese cognitiva: metabolizam a luz que o mundo joga sobre nós sob a forma de novidades que nos iluminam (ou ofuscam), transformando-a em energia. Esta se incorpora ao nosso pensar/perceber este mundo, e a devolvemos a ele como entendimento, mas também como juízos, definições, classificações. Como na planta, esta energia nos colore, nos singulariza diante dos demais. Como na planta, ela significa intensas trocas e mecanismos complexos que, constituindo eles mesmos um ciclo, contribuem para o ciclo da renovação da vida. [...] Minha convicção [é] que nesta química reside uma possibili-

---

[21] A teoria das representações sociais é uma forma sociológica de psicologia social originada na Europa com a publicação de Moscovici (1961) em seu estudo "La psychanalyse: son image et son public". Enfatiza o fenômeno em sua construção simbólica. E em seu poder de construção do real. O que Moscovici procura enfatizar é que as representações sociais não são apenas opiniões sobre ou imagens de, mas teorias coletivas sobre o real e sistemas que têm uma lógica e uma linguagem particulares, uma estrutura de implicações possíveis dos valores e das ideias compartilhadas pelos grupos (Arruda, 2002).

[22] As representações sociais são comportamentos em miniatura (Leontiev, 1978).

dade de descoberta da pedra filosofal para o trabalho de construção de novas sensibilidades ao meio ambiente. Ou seja, é nela que residem nossas chances de transformar ou, quando menos, de entender as dificuldades para a transformação do pensamento social.

> Estas imagens do espaço e do tempo escolar podem condicionar tanto o comportamento como as relações sociais, o papel dos professores e dos alunos, a atividade docente, a natureza do conhecimento a construir, entre outras coisas.

Infelizmente, a maioria das escolas não é cuidada nem pelos alunos nem pela comunidade. Os inúmeros casos de depredação e pichação dos prédios demonstram a escassa identificação dos habitantes com a escola. Os prédios cercados por altos muros, muitas vezes com grades, cadeias e cadeados, sem áreas verdes ou plantas, com janelas pequenas, assemelham-se mais aos espaços de reclusão mencionados por Foucault que a espaços de aprendizagem.

As paredes, os pátios e salas criam uma imagem de ensino científico, racional, imparcial e asséptico, em prédios onde se excluem a paixão e as identificações afetivas, deixando claro que a função da escola é a formação das mentes e não dos corpos, sentimentos, afetos e valores.

Como se isso fosse pouco, muitas autoridades educativas fazem questão de fazer sentir aos habitantes do centro escolar que a escola não lhes pertence. Dessa forma, o espaço é controlado pela autoridade central que decide o que se faz e não se faz nele. Assim, professores e alunos têm que ou pedir autorização ou pedir para que alguém abra a sala de informática, a biblioteca, a oficina, a área de esportes, o laboratório que se encontram trancados o tempo todo.[23]

O mesmo ocorre nos murais que encontramos nas paredes das escolas, onde alunos têm que ter autorização dos professores ou da secretaria para poder colocar algo, de que natureza for: um desenho, um poema, uma mensagem. São geralmente utilizados pelos professores, que selecionam cuidadosamente o que se deve e o que não se deve colocar.

> Uma escola espacialmente antidemocrática, que nos lembra, o tempo todo, de que os alunos, pais, comunidades e, às vezes, até os professores, são simples convidados, sem capacidade de decisão ou de ação, e que têm que pedir permissão para ocupar o espaço que os alberga e contém.

Sem falar da comunidade, que possui uma escola que também não lhe pertence, que está sempre fechada para o seu uso, para as suas necessidades, demandas e para as suas atividades nos fins de semana.

Uma escola com salas de aula preparadas para o ensino tradicional, onde o professor é o centro e os alunos são observadores passivos, todos enfileirados olhando para a lousa.

---

[23] Escolas assim são lugares onde muitas vezes o único espaço de liberdade, sem o controle de nenhum adulto, é a parede do banheiro, onde os alunos escrevem suas piadas, críticas e sentimentos.

Como desenvolver uma proposta ativa, interativa, baseada no diálogo e na exploração do mundo neste espaço, que é fundamentalmente propriedade do professor?

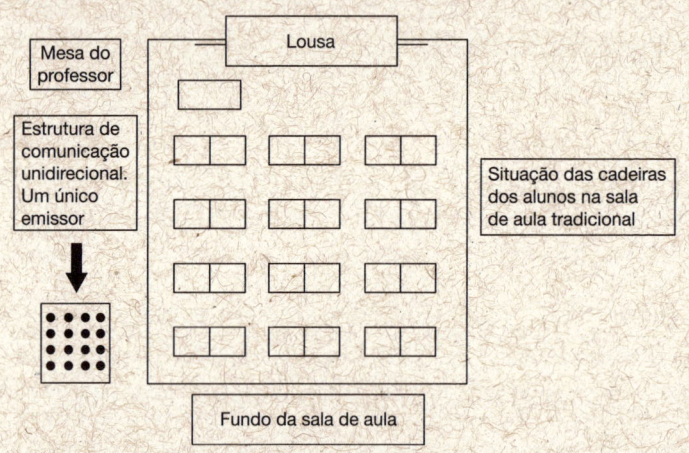

Figura 4: Exemplo de tipo de organização espacial tradicional.
Fonte: Baseado no esquema de Duarte (2003).

Devemos entender que todos os elementos da escola devem estar em harmonia, sob pena de aprofundar a incoerência entre o que se diz e o que efetivamente se faz. Por isso entendemos que é preciso uma reformulação da escola desde as suas bases. Já não bastam as medidas cosméticas que promovem algumas salas ativas, onde uma vez por semana, com sorte, os alunos participam de atividades nos laboratórios.

Torna-se necessário repensar as salas de aula como espaços de convivência e de trabalho em grupo. De acordo com o modelo ecológico de análises de sala de aula (Contreras, 1990; Gimeno Sacristán & Pérez Gómez, 2000), os agrupamentos flexíveis introduzem não só modificações na configuração do espaço, mas também nos processos de negociação e de troca entre os alunos e os professores, que determinam, em último lugar, os modelos de aprender e ensinar, e que condicionam os movimentos dos alunos em particular e dos grupos de alunos em geral, e que condicionam em definitivo a forma como se experimenta na sala o conhecimento acadêmico.

A sala de aula, para promover uma educação ativa e interativa, tem que mudar, configurando o que chamamos espaços cooperativos como modelos organizativos da sala de aula.

Além do espaço, outra variável fundamental na concretização do projeto político-pedagógico e do projeto curricular é o tempo. O tempo, assim como o espaço, constitui uma linha divisória entre os discursos educativos, os planos e programas e a realidade. Uma coisa é o que se deseja e outra, muito diferente, o que realmente se tem condição de fazer com o tempo, o espaço e os recursos disponíveis.

A administração do tempo na escola reforça a metáfora de reclusão, parece que o tempo escraviza as práticas cotidianas. E a pergunta permanece: é mais importante o tempo administrativo ou o tempo vivenciado pelos professores e alunos?

Consideramos impossível falar de uma nova escola sem falar sobre o tempo, e sobre como ele se organiza.

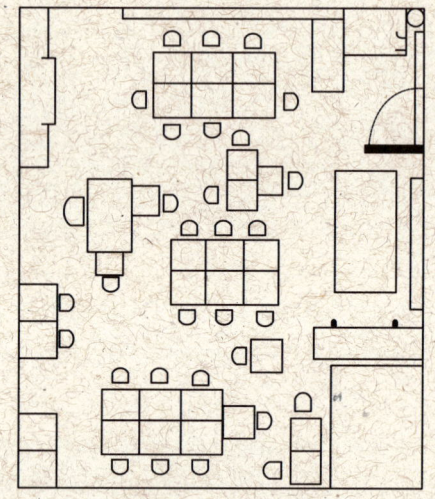

Figura 5: Exemplo de tipo de organização espacial ativa.

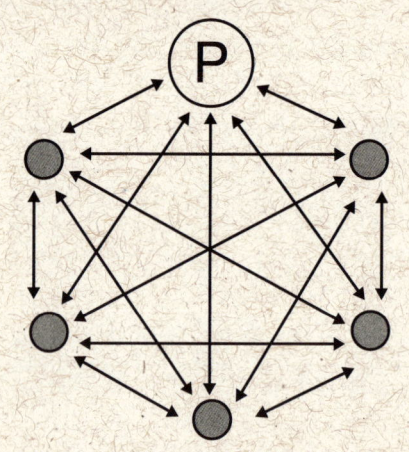

Figura 6: Estrutura de comunicação em sala (bidirecional, todos são emissores e receptores).
Fonte: Figuras baseadas nos esquemas de Duarte (2003).

> Estamos debatendo os mais importantes elementos da epistemologia, da sociologia, da pedagogia e da didática, mas esquecemos que as nossas práticas se baseiam em funções administrativas que causam forte impacto em nós.

Não é possível continuar com essa organização temporal. Estamos dificultando seriamente o processo de aprendizagem de algumas crianças e impedindo a aprendizagem de outras. Não podemos fazer de conta que os alunos constroem seus conhecimentos quando nós queremos: todos ao mesmo tempo e no horário indicado. Essa é uma contradição fenomenal, como tantas outras da escola que temos: falamos uma coisa, mas o que realmente fazemos termina mudando o que pensamos e dizemos, gerando mais incertezas.

Assim, como comentamos em relação ao projeto curricular institucional, assistimos nas últimas décadas a um aumento gradual nos objetivos e conteúdos educativos, mas o tempo tem permanecido inalterado.

> Como se isso fosse pouco, ano a ano continuamos incorporando novos temas aos já extensos currículos, sem perceber que cada vez que incorporamos algo, algo tem que ser sacrificado em troca, como afirma Perrenoud (2005).

Atualmente, muitos especialistas e professores concordam ao afirmar que existem nos currículos muito mais temas que tempo no ano letivo para trabalhá-los.

Como se fosse pouco, professores e alunos têm que lidar com os projetos, próprios e alheios, das secretarias de

Educação, que em geral aparecem depois de terem sido efetuados os planejamentos didáticos, configurando um novo sacrifício, dessa vez das atividades planejadas pelo professor.

Isso tem significado pressão contínua sobre professores e alunos, o que fez com que, em muitas instituições nas quais se estuda cinco horas por dia, seja dividido o período em dois tempos de duas horas e 22 minutos destinados a sala de aula, com um recreio de 15 minutos no meio. Em teoria, já que na prática o que observamos é que os alunos não aguentam esse ritmo e os professores se veem obrigados a dar pausas (ilegais) que possibilitem um mínimo trabalho educativo.

Atualmente as crianças encontram-se sobrecarregadas na escola, o que cria enorme desconforto. Depois de assistir ao professor dando aula por mais de uma hora, os alunos passam o restante do tempo sonhando, contando os minutos que os separam do recreio. Quando finalmente toca a campainha, uma explosão sacode a sala, e o professor tenta conter a avalanche de alunos que tentam passar, "todos juntos", pela estreita porta que dá para o pátio. Na metáfora do espaço de reclusão de Foucault, significaria o banho de sol que os presos tanto esperam durante o dia.

Em outros momentos, acontece tudo ao contrário: depois de um duro esforço do professor para motivar as crianças e organizar as experiências de aprendizagem, quando os alunos finalmente estão envolvidos na tarefa, temos que parar porque tocou a campainha.

> As perguntas que nos fazemos são: como flexibilizar o tempo? Como oferecer o tempo necessário para que as crianças possam aprender os conteúdos, respeitando os ritmos de aprendizagem dos diversos grupos? Como organizar o tempo para alcançar as metas de formação integral, considerando a formação da mente, do corpo e dos valores e afetos?[24]

Não podemos continuar condenando ao fracasso alunos que não conseguiram atingir todo seu potencial no tempo indicado pela escola.

> Chegou a hora de enxergar os alunos como um mundo de possibilidades, e não como um universo de limitações.

Materiais, recursos didáticos e formas de comunicação

"A educação não é uma ilha, mas parte do continente da cultura."
Jerome Bruner (2001).

Os materiais, recursos didáticos e meios de comunicação têm uma importância que normalmente se descon-

---

[24] "Já os debates do movimento da Escola Nova, com suas ideias sobre o respeito, a liberdade e a espontaneidade da criança resistiam em oferecer quadros de horários rígidos, tendo como princípio básico que a escola e seus horários estavam feitos para a criança, e não o contrário. Propunha-se para tanto a substituição de uma organização rígida por outras técnicas, métodos e ordenações curriculares mais flexíveis, formando inclusive novas composições temporais" (Ferreira & Arco-Verde, 2001, pp. 63-78).

sidera nas escolas. São tratados como elementos secundários, decorativos ou um luxo dos processos de ensino e de aprendizagem. No entanto, um olhar mais complexo pode nos permitir visualizar que representam componentes fundamentais da concretização do projeto político-pedagógico e do projeto curricular institucional, e só têm sentido quando se encontram plenamente integrados no projeto político-pedagógico.

Acontece que, segundo a psicologia histórico-cultural, a relação que se estabelece entre o homem e o mundo não é direta, mas mediada por elementos tais como instrumentos e signos.

A assimilação da cultura se realiza mediante uma mediação entre o contexto e o aluno que o estuda, ou seja, o esforço que se realiza para se apropriar do conteúdo sem estar no contexto real exige uma mediação; uma representação da realidade que deve ser contida por um suporte informativo.

Recursos didáticos são um suporte que determina, em parte, o papel que o professor e o aluno ocupam no processo de ensino-aprendizagem. Podem promover um papel passivo ou um papel ativo do aluno, o que pode contribuir para reduzir ou aumentar o nível de abstração do fenômeno que é objeto do estudo. Um suporte que, além de mediar a relação entre os alunos e a natureza, influencia nos modos de pensar, nas práticas sociais e nos processos de ensino e aprendizagem

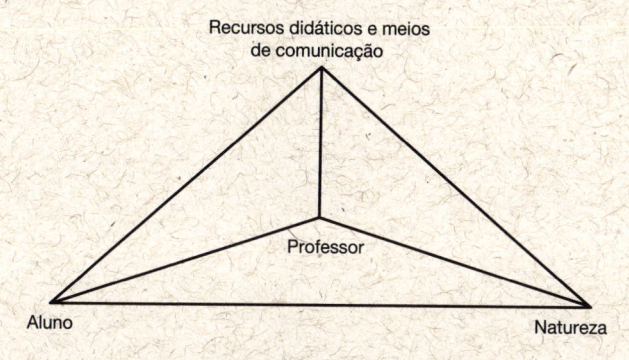

Figura 7: Mediação dos recursos didáticos nas relações didáticas.

(Kaptelinin, Kuutti & Bannon, 1995; Levy, 1999; Vygotsky, *apud* Daniels, 2003;[25] Engeström, 1987).

Os recursos didáticos são fundamentais por dois motivos:

1. tornam a educação mais agradável, superando o sentimento de desconforto que a escola com seus métodos passivos de transmissão de informação têm gerado nos alunos e professores, e a represen-

---

[25] Segundo Vygotsky (1979), as ferramentas não só transformam a natureza e o comportamento externo dos sujeitos, mas também o seu funcionamento mental. Classifica as ferramentas mediadoras em dois grupos: as técnicas e as psicológicas. As técnicas transformam os objetos físicos (por exemplo, um martelo) e são utilizadas na relação entre seres humanos e natureza. As psicológicas são usadas para influenciar outras pessoas ou a si mesmas (a linguagem de forma geral, uma lousa, uma caneta, um livro ou um microcomputador).

tação social que associa aprendizagem a desprazer e sofrimento;
2. enriqueçam a aprendizagem, ao incorporar diversas linguagens articuladas em um todo, aproximando-se mais da vida e da diversidade que apresenta a cultura na qual estão imersos alunos e professores, o que imprime às atividades uma dinâmica totalmente diferente da dinâmica impressa pelo livro de texto e pela lousa, principais recursos didáticos da escola tradicional.

O sucesso das experiências pedagógicas que marcaram a história da prática educativa, como os métodos Freinet, Montessori e Gimeno, é explicado pela possibilidade de instrumentalizar a comunicação pedagógica e a mediação com a realidade a partir de novos recursos didáticos. Novos não por não existirem anteriormente, mas por sua renovada apropriação para o processo de ensino-aprendizagem, aproximando-se da cultura e da vida extraescolar, provocando uma mediação cultural mais variada e direta com os instrumentos (Gimeno Sacristán, 1991).

> Assim, os recursos didáticos diversos permitem não só se aproximar da linguagem mais ativa, interativa e lúdica da cultura na qual estão inseridos os alunos, mas, ao mesmo tempo, promovem uma redução do nível de abstração do conhecimento, aumentando significativamente as chances de sucesso dos alunos, promovendo a construção de aprendizagens mais significativas.

Essas aprendizagens tornam-se, pois, mais significativas não só em relação à relevância cultural do conteúdo para a vida dos alunos, mas também por estarem mais próximas das formas de comunicação da cultura na qual estão inseridos os alunos, pela relevância cultural da linguagem.

Assim, poderíamos definir os recursos didáticos como instrumentos de apropriação da cultura, mas ao mesmo tempo, de desenvolvimento de novas formas de pensamento e de comunicação.

> Ou seja, não é só uma questão de buscar novas ferramentas para utilizar em conjunto com paradigmas de educação tradicionais, escolhendo as ferramentas em razão de sua potencialidade na transmissão de informação, mas sim de pensar de que maneira podemos utilizá-las para promover não só a apropriação da cultura, mas suas formas de pensamento e de comunicação.

A cibercultura, como vemos em Levy (1996), significa também uma nova linguagem e numerosas formas que ampliam, potencializam e mudam muitas funções cognitivas, tanto no que se refere à memória, por meio da utilização de bancos de dados e hipertextos, como no que se refere à imaginação, por meio da utilização de simulações, na percepção, nas realidades virtuais, na telepresença, ou no que se refere ao raciocínio, com o uso de modelizações de fenômenos complexos, entre outros recursos.

Na sociedade da informação em que vivemos, a imagem, o computador, a internet e as redes sociais são realidades que não podemos mais considerar secundárias, sob pena de formar cidadãos semialfabetizados. Isso sem considerar que esses recursos tiram professor e aluno dos seus papéis tradicionais de transmissor e receptor de informação, tornando mais agradável e menos monótona a sala de aula.

A realidade é que as escolas, apesar do discurso renovador, da utilização de livros das bibliotecas, do surgimento de novos recursos como televisores, internet, salas de informática e *data-shows*, continuam sendo as mesmas de sempre, com uma comunicação fundamentalmente oral, utilizando o professor como fonte central de informação e lousas e livros de texto como recursos didáticos centrais.

É imperioso, por um lado, a construção coletiva de recursos didáticos variados que se aproximem da diversificação presente na cultura atual, potencializando a formação de espaços de construção de conhecimento coletivo, ou de uma inteligência coletiva, que tire do isolamento professores e alunos e permita a construção de capacidades para o diálogo e para a contextualização semiótica.

Por outro lado, se faz necessário o desenvolvimento de novas aproximações didáticas que articulem em um todo coerente os meios didáticos para potencializar as aprendizagens dos alunos e ampliar para além das salas de aula a zona de desenvolvimento potencial dos alunos.

Como o próprio Bruner (1991) tem alertado, a psicologia cognitiva, mais do que se preocupar com as características de processamento da informação do cérebro humano, deveria se preocupar com a forma como as pessoas atribuem significados às coisas, não só da perspectiva biológica, mas também da cultural, outorgando às próteses culturais um papel na construção de "andaimes" que assegurem um pleno desenvolvimento dos potenciais humanos (Daniels, 2003).

Como podemos observar nesta breve aproximação, educação é muito mais do que conteúdo. A complexidade do processo envolve não só conteúdos relevantes, métodos, espaços, tempos, sequências didáticas, técnicas, formas de gestão, mas também linguagens e formas de comunicação.

Os recursos didáticos são os meios pelos quais se modificam os ambientes interno e externo, afetando nossa consciência. O uso diversificado de recursos didáticos é uma exigência para todos os professores que realmente desejam enriquecer a experiência dos alunos, favorecendo a compreensão e o desenvolvimento de um espírito crítico e criativo. E para isso nem sempre é necessário contar com recursos caros. A própria realidade circundante representa um enorme potencial didático, se a soubermos utilizar como recurso didático.

O papel do professor

Eu gostaria de poder dizer que no Ensino Fundamental, superior ou universitário tive professores de ciências que me

> inspiraram. Mas por mais que mergulhe na minha memória, não encontro nenhum. Tratava-se de pura memorização da tabela periódica dos elementos, alavancas e planos inclinados, a fotossíntese das plantas verdes e a diferença entre antracito e carvão betuminoso. Mas não houve nenhuma grande sensação de maravilha, nenhuma indicação de uma perspectiva evolutiva, nada sobre as ideias errôneas que todos acreditavam certas em algum outro tempo... Não nos encorajavam a aprofundar os nossos próprios interesses, ideias ou erros conceituais... Nosso trabalho consistia apenas em lembrar o que tinham nos ordenado: obter a resposta certa, sem importar se entendíamos o que fazíamos.
>
> Carl Sagan (1997).

Como fazermos a escola sobreviver sem nos convertermos naquilo que criticamos?

Evidentemente, para entender o que é ser professor temos que superar, novamente, as análises simplistas e mergulhar nas complexas condições que tem contribuído para a constituição da sua singularidade, o que envolve considerar não só a sua formação, mas também a sua somatória de experiências existenciais como aluno, na sua família, no bairro, no seu grupo religioso, político, mediático e na sua cotidianidade escolar.

Responsabilizamos rapidamente os professores pelas mazelas da educação, sem sequer entender a complexidade que envolve ser professor hoje. É ele um ser humano consumido nos mesmos conflitos, nas mesmas incertezas e temores, manietado, pela burocracia que muito exige e pouco oferece para colaborar no sucesso dos processos de ensino e aprendizagem.

Acontece que as políticas educativas, em geral, e as de formação de professores, em particular, ainda se acham profundamente engajadas nos princípios, valores e formas de pensamento do paradigma da modernidade, o mesmo modelo que, além de afetar o ambiente natural, tem trazido problemas para a vida de um grande número de habitantes do planeta.[26]

Por isso, a formação de professores não gera mudanças políticas ou melhores práticas nas escolas, pois, como diz Galano (2003):

> Sem questionar a racionalidade instrumental e o individualismo que promove o paradigma da modernidade, coincidente com o princípio de fragmentação e disjunção, o interesse prático, as perspectivas meramente utilitárias guiadas pela lógica do benefício de curto prazo, o reducionismo, mecanicismo e determinismo que configuram a alma da cultura ocidental e a lógica do mercado, não conseguiremos produzir um ensino de melhor qualidade.

---

[26] O Programa das Nações Unidas para o Desenvolvimento (Pnud), em seu *Relatório sobre Desenvolvimento Humano 2001*, adverte que em distintas partes do mundo tem-se observado níveis inaceitáveis de privação na vida das pessoas: 2000 milhões de pessoas (40% da população do mundo) lutam pela sua sobrevivência cotidiana, sem alimentação adequada, sem água pura e suficiente, sem saneamento, sem moradia segura, sem acesso a educação, sem acesso a saúde. O modelo de desenvolvimento já se mostrou defeituoso, gerando um crescimento econômico sem empregos, sem raízes, sem equidade, sem voz, sem futuro para a ampla maioria da população mundial.

O que se quer é um ensino que sente as bases de uma transformação cultural como única alternativa viável à construção da sustentabilidade social que desejamos.

Nesse contexto, não podemos continuar a ocultar que o fracasso dos professores não é um fracasso individual, mas de grandes coletivos, um fracasso social e cultural de um modelo que construiu as bases de sua acumulação à custa do aumento da pobreza e da exploração de milhões de pessoas, incluindo os professores.

> O reducionismo técnico-instrumental no qual se baseiam tanto as dinâmicas curriculares como as variadas ofertas de capacitação e aperfeiçoamento só colabora para a manutenção de uma visão instrumental da instituição educativa.

A escola resultante deste modelo é o espaço no qual os professores dão aulas, cada um em sua sala, "transmitindo conhecimento" de modo expositivo, focados no ensino, sem prestar atenção ou sem condições de prestar atenção na aprendizagem dos seus alunos ou deles mesmos.

Essas escola é um lugar habitado por

> didáticas especiais, definidas como campos específicos das respectivas ciências, sem relação nenhuma com um marco de didática geral, cuja própria existência se questiona, a partir da visão de que o ensino sempre opera sobre conteúdos de instrução especializados. (Davini, 1996)

Sem sopesar, como Davini (1996) faz, que a interpretação atual dos processos evolutivos do sujeito está muito mais marcada pelas dimensões do desenvolvimento cultural do que por regras de evolução individual endógena. Isso destrói a unidade epistêmica das didáticas por níveis escolares que obedecem a recortes burocráticos fixados pelo sistema.

A escola promove a acumulação de conteúdos que, em teoria, poderiam potencializar a inteligência, sem prestar muita atenção nas capacidades intelectuais, sociais, emocionais e afetivas dos alunos.

> A escola que conhecemos exige que o trabalho do professor seja individual, o planejamento seja individual, e a sua especialização e formação continuem focadas em técnicas centradas na transferência de informação ou no desenvolvimento de aproximações metodológicas impossíveis de implantar em escolas.

Continua-se a oferecer formação exclusivamente teórica sem que se permita aos alunos ocasiões reais para experimentar e vivenciar os valores dentro da própria comunidade educativa, uma formação em que a motivação é trabalhada de uma perspectiva extrínseca, com reforços acadêmicos, sociais ou econômicos, sem trabalhar as motivações intrínsecas centradas no desejo de aprender, no desfrute das experiências escolares ou na realização pessoal.

É uma escola diretiva, para a qual o professor é o dono do planejamento, organização e distribuição das atividades, sem a participação dos alunos ou pais. O diretor é o dono do planejamento escolar, sem a participação dos professores, alunos e pais. E o Ministério da Educação é o dono do planejamento curricular, sem a participação de professores, diretores, pais e alunos.

Evidentemente, como Giroux (1987) mostra, a cultura profissional dos professores é uma construção histórica e social impregnada de relações de poder que podem favorecer ou reprimir as potencialidades dos indivíduos. Um amálgama da cultura dominante e das culturas minoritárias mediatizadas pelas relações de poder e controle.

Nesse sentido, a urgência hoje é compreender a escola tal como é, longe da burocratização e da gestão administrativa, e mais perto de sua integração como um espaço onde potencializar, desenvolver e vivenciar processos de aprendizagem.

> Por isso perguntamo-nos: de que serve a geração de um pensamento crítico entre alunos e professores de um sistema educativo e social que não esteja disposto a permitir sua aplicação na escola ou na vida real?

Desde a perspectiva da complexidade, entendemos que não podemos continuar a considerar o processo de aprendizagem simplesmente como uma relação triádica entre professor, aluno e conteúdo.

Os processos de ensino-aprendizagem envolvem a inter-relação de numerosos componentes, entre os quais podemos destacar:
- os sujeitos (professor e alunos e seus problemas, sentimentos, angústias, desejos, medos);

- as regras sociais que regulam as relações e trocas entre os sujeitos, configuradas pelo regimento interno da escola, o estilo de liderança do diretor e coordenador pedagógico, o estilo de liderança do professor e o contrato pedagógico negociado e assinado com os alunos;
- a comunidade de ensino (formada pelos professores com os quais os alunos interagem no interior de uma série);
- a aprendizagem (formada não só pelos alunos como indivíduos, mas também pelos grupos e suas múltiplas inter-relações e conflitos);
- a divisão do trabalho no interior da comunidade (considerando o planejamento e gestão da vida em sala de aula);
- o contexto escolar, a sua cultura, seus critérios de sucesso, e pressões institucionais.

Superando a visão instrumental da didática verificamos que o papel do professor se aproxima mais daquele de um mediador das relações entre os alunos e o conhecimento, mediação que envolve não só o conhecimento específico de uma área de conhecimento, mas a sua articulação com os saberes da experiência (Pimenta, 1999). Produz-se, portanto, uma mudança da

> epistemologia da prática para a epistemologia da práxis, pois a práxis é um movimento operacionalizado simultaneamente

pela ação e reflexão, isto é, a práxis é uma ação final que traz, no seu interior, a inseparabilidade entre teoria e prática. (Ghedin, 2002, p. 133)

Linguagem, lousa, giz, caneta, papel, retroprojetor, *data-show*; características físicas, distribuição de espaço e tempo; outros

Professor, alunos e suas características pessoais

Planejamento didático anual
Planejamento de atividades

Objetivos de aprendizagem

Contrato pedagógico Estilo de liderança e de participação

Comunidade de aprendizagem

Divisão do trabalho no planejamento e gestão da vida em sala de aula

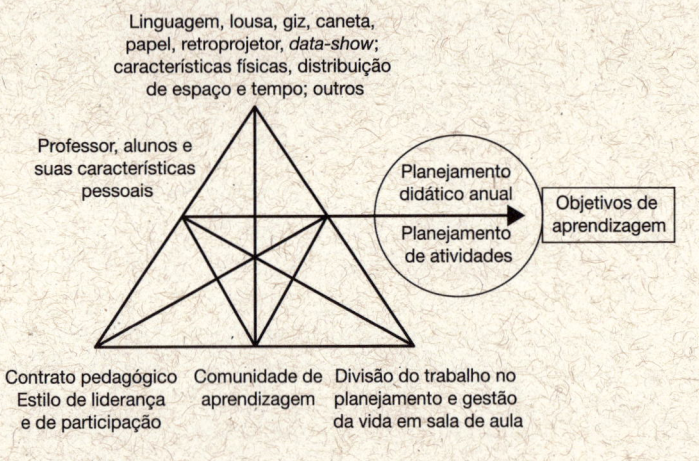

Figura 8: Dimensão da sala de aula.
Fonte: Luzzi (2012).

Um movimento de reflexão-ação-reflexão que dá origem ao chamado professor reflexivo e crítico, que percebe o novo mundo que se abre ao seu redor e compreende que seus repertórios teórico-metodológicos construídos ao longo do tempo na sua prática já não são suficientes para dar conta da complexidade do mundo.

> [...] tende a questionar a definição de sua tarefa, as teorias-na-
> -ação das quais ele parte e as medidas de cumprimento pelas
> quais é controlado. E, ao questionar essas coisas, também ques-

tiona elementos da estrutura do conhecimento organizacional na qual estão inseridas suas funções [...]. A reflexão-na-ação tende a fazer emergir não só os pressupostos e as técnicas, mas também os valores e propósitos presentes no conhecimento organizacional. (Schön, 1985, pp. 338-39)

O professor reflexivo e crítico é um profissional que supera seu isolamento analisando seu papel de profissional no contexto social mais amplo, e a necessidade de uma ação coletiva comum para alcançar uma resolução satisfatória para os desafios da sociedade e da sua própria comunidade.

> Esse novo profissional é um professor que não se limita a desenvolver uma reflexão instrumental meios-fins sobre os novos desafios pontuais que lhe apresentam seus alunos, ou as novas tecnologias na sala de aula, mas uma reflexão profunda que engloba os mesmos fins e o seu significado concreto em situações complexas e de conflito, como as vivenciadas cotidianamente nas escolas.

> Um novo profissional que se afasta da concepção atual – que muitos professores compartilham –, de que eles são contratados para ensinar e não para resolver problemas pessoais dos alunos.

Um professor que pensa assim pode até dar muito boas aulas, explicar como ninguém um tema, e incorporar tópicos muito legais, inclusive do ponto de vista ambiental, mas nunca conseguirá ajudar seus alunos na formação da sua própria identidade.

Temos que construir uma nova visão da aprendizagem, mais abrangente, que supere a visão restrita às salas de aula, aproximando-nos da organização como um todo, por meio de um planejamento integrado do coletivo.

Para isso, temos que mudar a nossa visão limitada e rígida da aprendizagem e do ensino, da concepção de ato didático como uma foto individual. Temos que enxergar a relação dinâmica de interação entre as diversas disciplinas, em contato com as vivências cotidianas e com a informação que os alunos assimilam na mídia e nas suas experiências extraescolares.

Dessas perspectiva, a formação de professores deveria considerar a possibilidade de voltar às origens da escola, considerando-a como uma unidade básica de formação e inovação, com processos de pesquisa e ação cooperativa, operando sobre critérios de autoavaliação institucional, como base do processo de melhoria, dando importância ao trabalho conjunto.

Assim, estaríamos falando de escolas que aprendem, organizações onde as pessoas aprendem de forma colegiada a partir da experiência passada e presente, corrigem erros, resolvem problemas de modo criativo.

> Temos que considerar que a aprendizagem organizacional de nenhum modo pode ser a soma cumulativa das aprendizagens individuais, temos que formar densas redes de colaboração e projetos compartilhados entre seus membros, de outro modo, o intercâmbio de experiências e ideias nunca ocorrerá.

CONSIDERAÇÕES FINAIS

> Todo o projeto da pedagogia crítica está orientado para convidar alunos e professores a analisar a relação entre as suas próprias experiências cotidianas, as suas práticas pedagógicas em sala de aula, os conhecimentos que produzem, e as características sociais, culturais e econômicas da ordem social geral [...]. A pedagogia crítica está preocupada em ajudar os alunos a questionar a formação de suas subjetividades no contexto de formações capitalistas com a intenção de gerar práticas pedagógicas que não sejam racistas, sexistas, homofóbicas e que estejam dirigidas para a transformação da ordem social geral, no interesse de uma maior justiça racial, de gênero e econômica.
>
> P. McLaren (1997)

OS DESAFIOS SOCIAIS

> O propósito deste livro é chamar a atenção, mais uma vez, para os espíritos simplificadores que continuam imersos em um mundo superficial criado pelo reflexo psíquico de uma visão simplista que reduz a realidade às categorias dicotômicas derivadas da existência estereotipada dos fatos; sem interesse ou condições de analisar a sua essência.

Desta forma, navegando na superficialidade dos eventos não se consegue enxergar a profundidade da crise existencial que vivemos e a suas principais características: a injustiça, a hipocrisia e o fazer de contas que impera como conduta social.

Vivemos em um mundo onde os principais defensores da liberdade e da democracia sustentam ditaduras militares amigas e matam inocentes em nome de um dos princípios mais elevados, a liberdade. No entanto, outros países colonizam nações em nome da autodeterminação dos povos, ao passo que outros impõem receitas de ajuste estrutural que matam de fome povos inteiros para que uns poucos continuem desfrutando a grande vida de gastos.

> Um mundo onde os mercados estão acima de todos os homens é um mundo que não tem como ser sustentável.

Um mundo onde juízes e desembargadores que deveriam defender a justiça vendem sentenças e pensam ser deuses intocáveis pela vontade popular não pode ser sustentável.

Um mundo com corporações de polícia que deveriam proteger a população da violência e se voltam contra a mesma população, convertendo-se em um poder paralelo com interesses próprios e massa de manobra dos poderosos, perseguindo inimigos políticos e reprimindo com sanha todo intento de participação democrática da população não pode ser sustentável.

Um mundo onde os políticos que deveriam representar o povo representam setores de poder e interesses próprios sem se importar com a vontade popular ou o bem-estar da maioria não pode ser sustentável, assim como não pode ser sustentável um mundo onde os meios de comunicação de massa que deveriam defender a liberdade de informação e a busca da verdade mentem descaradamente, criando um reflexo psíquico da realidade favorável aos seus interesses.

Vivemos em um mundo insustentável e de aparências, onde nada é o que parece ser. Uma sociedade do faz de conta. Uma sociedade onde as únicas constantes parecem ser a cegueira, a injustiça e a impunidade.

TRANSETORIALIDADE

Nesse sentido, cada decisão de um juiz, um político, um policial é uma aula dada à população sobre o funcionamento da sociedade. Muitos reclamam da falta de consciência ecológica da população que joga lixo na rua, porém, vemos todos os dias, nos jornais, motoristas que atropelam pessoas, prestam depoimento e saem livres. Outros que matam ao volante por estarem embriagados e, como pena, pagam vinte cestas básicas e são liberados.

O que ensinarmos aos nossos cidadãos sobre democracia se cada vez que fazemos alguma reivindicação por meio de uma manifestação popular, em vez de sermos escutados, somos duramente reprimidos pela polícia?

> Como é possível construir uma sociedade sustentável sobre a injustiça?

Nesse contexto de profunda crise existencial, como podemos acreditar que, simplesmente, com mais conhecimento ecológico, biológico ou científico, com mais conteúdo curricular – seja este disciplinar, interdisciplinar ou transdisciplinar –, vamos conseguir produzir mudanças culturais que permitam rumar a uma sociedade sustentável, justa e equitativa?

Neste momento histórico, perguntamo-nos: de que serve formar alunos que tenham conhecimento dos equilíbrios ecossistêmicos, da importância de uma gestão ambientalmente sustentável ou do consumo consciente, se a educação não os ajuda a construir a sua identidade, a desenvolver um estilo de pensamento crítico e complexo e a potencializar valores humanistas e democráticos?

> Ou seja, a reafirmar aquilo que nos faz humanos.

De que serve a educação em ciências, ecologia ou matemática se formam-se pessoas que saem a caçar moradores de rua, homossexuais ou pobres por diversão? De que serve formar pessoas que se sensibilizam com o destino de uma árvore ou espécie natural, mas não conseguem derramar uma lágrima pela tragédia humana de milhões de despossuídos que morrem como moscas a cada 19 segundos? Seres pragmáticos e utilitaristas que só pensam em si mesmos, sem o menor resquício de sensibilidade social. Será que estão assim tão cegos?

Sem colaborar na construção da identidade dos alunos – com especial foco na formação de espíritos sensíveis, solidários, críticos, livres de dogmas, reflexivos e comprometidos com a sua realidade –, não temos chances de produzir mudança nenhuma.

> Necessitamos aprofundar a reflexão filosófica do ser em contexto para saber que sociedade queremos e para construir uma utopia que nos permita ir em frente, em busca da felicidade.

A ciência é, sem dúvida, um componente importante do presente e ainda o será mais do futuro, mas, sem lugar para dúvidas, não permitirá colaborar para a felicidade do povo ou para a sua sustentabilidade social e ambiental, isso porque a ciência e a tecnologia são ferramentas para alcançar objetivos e não objetivos em si mesmos.

Claro que, para isto, é necessário entender que educação de um povo não é de exclusiva responsabilidade da escola; que todos os dias os juízes, médicos, policiais, meios de comunicação e políticos são professores que dão aulas com as suas ações à sociedade toda.

> E que para impulsionar a construção de uma cultura da sustentabilidade necessitamos a formação de políticas educativas transetoriais, nas quais participem de forma articulada e coerente todos os setores da gestão pública, em todas as dimensões sociais. Não podemos responsabilizar pelo fracasso educativo do presente unicamente a escola, mas a toda a administração pública. E a toda a sociedade.

ESCOLA COMPLEXA

O paradigma da complexidade também nos permite desmitificar a escola, superando as visões simplistas que ainda prevalecem e que são como lentes através das quais a enxergamos como um conjunto de salas, em que o mais importante são os conteúdos do currículo, o comportamento do professor e dos alunos.

Como já colocamos anteriormente, consideramos que o ambiente escolar é um componente fundamental do processo de aprendizagem.

> O ambiente escolar é resultado da interação de múltiplas dimensões que dialogam na construção das aprendizagens. Não podemos continuar promovendo um reflexo psíquico da realidade educativa construído através do paradigma simplificador, que entende e administra a instituição educativa como se fosse uma somatória de professores, salas, conteúdos e atividades.

Em verdade, graças a estas interações entre o indivíduo biológico, os artefatos culturais e o ambiente natural e social, se desenvolvem os processos psicológicos superiores dos nossos alunos.

> A relação entre os alunos e a escola é tão íntima que poderíamos caracterizá-la como um acoplamento estrutural, parafraseando Maturana & Varela (1995); e a conduta humana é produto dessa íntima relação com o contexto cultural específico do qual faz parte.

Entendemos que o principal erro está em construir escolas como máquinas de ensinar, em ambientes fechados, estáveis e cronometrados, regidos pela ordem imposta e pela causalidade simples, se o que se pretende é formar pessoas críticas, abertas às diferenças, à incerteza, ao diálogo e à negociação.

> A escola mecânica produz incomunicação, impressão de falta de sentido nas práticas, desmotivação, incoerência, grandes níveis de abstração e paradoxos formidáveis que alimentam os currículos ocultos e a incompreensão mútua entre professores e alunos. Assim, a escola, em vez de se constituir em uma comunidade de ensino e aprendizagem, regida pela abertura, o diálogo, o respeito e a negociação, converte-se numa verdadeira máquina de ensinar, de instruir; reflexo da visão mecanicista do mundo que continua promovendo a educação e a ciência modernas.

A escola é um todo constituído por diversas dimensões que interatuam, conformando a cultura e a identidade que dará sentido ao conjunto de práticas e de vivências que os habitantes da escola utilizarão na constituição das suas singularidades.

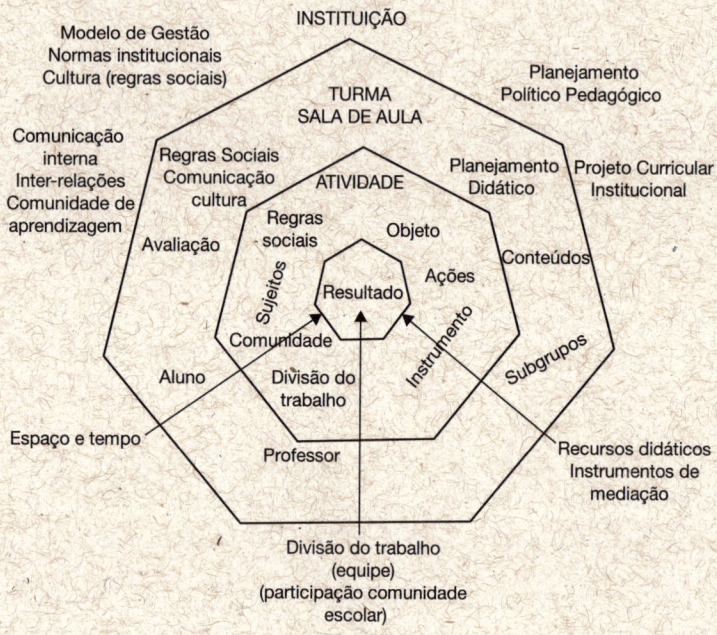

Figura 9: Escola complexa.

Educar é muito mais do que isso e exige a construção e reconstrução permanente do ambiente escolar para possibilitar aos alunos não só que descubram o mundo, mas, fundamentalmente, a si mesmos, desenvolvendo as capacidades que necessitarão para enfrentar um mundo contraditório e confuso em constante transformação.

> Uma complexidade que faz perceber à primeira vista que educar não é só dar aulas, que ser bom professor não é explicar melhor os conteúdos e se limitar a despejar informação nos alunos. Que um conteúdo não é só informação e que a informação não serve só para descrever e explicar o mundo.

A educação da qual falamos é uma educação que, superando a visão cartesiana da neutralidade e objetividade do conhecimento, recupere os valores associados ao saber, colaborando para a formação de cidadãos e profissionais com uma ética de vida que guie sua atuação cotidiana, procurando, sobretudo, formar boas pessoas, abertas às diferenças, ao diálogo e ao desconhecido.

BIBLIOGRAFIA

ARAÚJO, E. S.; CAMARGO, R. M. de & TAVARES, S. C. A. "A formação contínua em situações de trabalho: o projeto como atividade". Em *Anais do XI Encontro Nacional de Didática e Prática de Ensino (Endipe)*, Goiânia, 2002. CD-ROM.

ARELLANO DUQUE, A. & BELLO, M. E. "Recuperar la pedagogía en el contexto del discurso de la calidad de la educación". Em *Revista Iberoamericana de Educación*, OEI, nº 14, maio-ago. de 1997.

ARRUDA, A. "Teoria das representações sociais e teorias de gênero". Em *Cadernos de Pesquisa*, nº 117, Rio de Janeiro, Fundação Carlos Chagas/Autores Associados, novembro de 2002.

_____. "Uma abordagem processual das representações sociais sobre o meio ambiente". Em ARRUDA, A. (org.). *Olhares sobre o contemporâneo: representações sociais de exclusão, gênero e meio ambiente*. João Pessoa: UFPB (no prelo).

BANDURA, A. *Social Foundations of Thought and Action*. New Jersey: Prentice Hall, 1986.

BEATÓN, G. A. *La persona en el enfoque histórico cultural*. São Paulo: Linear B, 2005.

BERNARDES, M. E. & ORIOSVALDO DE MOURA, M. "Mediações simbólicas na atividade pedagógica". Em *Educação e Pesquisa*, 35 (3), São Paulo, set.-dez. de 2009.

BERSTEIN, R. J. "The Varieties of Pluralism". Em *American Journal of Education*, 95 (4), Chicago, 1987.

BESSA, D. (org.). *Homem, pensamento e cultura: abordagens filosófica e antropológica*. Brasília: Universidade de Brasília (Centro de Educação a Distância), 2005.

BOWLES, S. & GINTIS, H. *Schooling in Capitalist America*. Londres: Routledge & Kegan Paul, 1976.

BRUNER, J. S. *Actos de significado. Más allá de la revolución cognitiva*. Madri: Alianza, 1991.

_____. *La educación, puerta de la cultura*. Col. Aprendizaje. Trad. Félix Díaz. Madri: Visor, 2000.

_____. *A cultura da educação*. Porto Alegre: Artmed, 2001.

CHOMSKY, N. "Recognizing the 'Unpeople'", 7-1-12. Disponível em http://truth-out.org/opinion/item/5960:recognizing-the-unpeople.

COLL, C. et al. *Desenvolvimento psicológico e educação*. Vol. 2. Porto Alegre: Artmed, 1996.

CONTRERAS, J. *Enseñanza, curriculum y profesorado*. Madri: Akal, 1990.

CUBERO PÉREZ, M. & SANTAMARÍA, A."Una visión social y cultural del desarrollo humano". Em *Apuntes de Psicología*, nº 35, 1992.

DANIELS, H. *Vygotsky e a pedagogia*. São Paulo: Edições Loyola, 2003.

DAVÍDOV, V. V. "Problemas del desarrollo psíquico de los niños". Em *La enseñanza y el desarrollo psíquico*. Moscou: Editorial Progreso, 1988a.

_____. "Problems of Developmental Teaching: the Experience of Theoretical and Experimental Psychological Research". Em *Soviet Education*, Nova York, setembro de 1988b.

DAVINI, M. C. "Conflictos en la evolución de la didáctica. La demarcación entre la didáctica general y las didácticas especiales". Em *Corrientes didácticas contemporáneas*. Buenos Aires: Paidós, 1996.

DIAZ ROMERO, Ubaldina. "De aprender a desaprender o cuando la filosofía se hace poiesis". Em *Revista Iberoamericana de Educación*, 38/4 (10-4-2006), OEI. Disponível em www.rieoei.org/opinion22.htm. Acessado em 14-6-2012.

DOYLE, W. "Learning the Classroom Environment an Ecological Analysis". Em *Journal of Teacher Educatin*, 28 (6), novembro de 1977.

DUARTE, J. "Ambientes de aprendizaje. Una aproximación conceptual". Em *Estudos Pedagógicos*, nº 29, Valdivia, 2003.

ENGESTRÖM, Y. *Learning by Expanding: An Activity-Theoretical Approach to Developmental Research*. Helsinki: Orienta-Konsultit, 1987.

ENGUITA, M. F. *La cara oculta de la escuela*. Madri: Siglo XXI, 1990.

_____. *La organización escolar, agregado, estructura y sistema*. Publicaciones de la Secretaría General de Educación y Formación Profesional – Instituto Nacional de Calidad y Evaluación (INCE), Madri, 2000.

FEBBRO, E. "Os paraísos fiscais e a hipocrisia do G20". Disponível em http://paginaglobal.blogspot.com/2011/11/os-paraisos-fiscais-e-hipocrisia-do-g20.html.

FERREIRA, V. M. R. & ARCO-VERDE, Y. F. S. "Kairós: o tempo nos tempos da escola". Em *Educar*, Curitiba, Editora da UFPR, 2001.

FILLOUX, J.-C. *Hacia una didáctica grupal*. Buenos Aires: Miño y Davila, 1993.

FOUCAULT, M. *Vigiar e punir: nascimento da prisão*. 20ª ed. Trad. de Raquel Ramalhete. Petrópolis: Vozes, 1999.

FRAGO, A. V. & ESCOLANO, A. *Currículo, espaço e subjetividade: a arquitetura como programa*. Rio de Janeiro: DP & A, 1998.

FREIRE, P. *Pedagogia da autonomia: saberes necessários à prática educativa*. São Paulo: Paz e Terra, 1997.

FREITAS, L. C. *et al*. "Dialética da inclusão e da exclusão: por uma qualidade negociada e emancipadora nas escolas". Em GERALDI, C. M. G. *et al*. *Escola viva: elementos para a construção de uma educação de qualidade social*. Campinas: Mercado de Letras Edições e Livraria Ltda., 2004.

GADOTTI, M. *Convite à leitura de Paulo Freire*. Série Pensamento e Ação no Magistério. São Paulo: Scipione, 1989.

_____. "Gestão democrática e qualidade de ensino". Em *I Fórum Nacional Desafio da Qualidade Total no Ensino Público*, Minascentro, Belo Horizonte, 28 a 30 de julho de 1994.

_____. *História das ideias pedagógicas*. São Paulo: Ática, 1998.

_____. *Perspectivas atuais da educação*. Porto Alegre: Artes Médicas, 2000.

_____. "O projeto político-pedagógico da escola na perspectiva de uma educação para a cidadania". Disponível em www.smec.salvador.ba.gov.br/site/documentos/espaco-virtual/espaco-jornada-pedagogica/artigos-e-textos/ppp-da-escola.pdf. Acessado em 14-6-2012.

GALANO, C. "Descolonizar el conocimiento, camino a la emancipación". Em *La escuela argentina enseña, resiste y sueña ¿Qué es la independencia?* Buenos Aires: Confederación de Trabajadores de la Educación de la República Argentina, 2003.

GARCÍA, R. "Interdisciplinariedad y sistemas complejos". Em LEFF, E. (coord.). *Ciencias y formación ambiental*. Barcelona: Gedisa/Ciih-Unam/Pnuma, 1994.

GEERTZ, C. *Local Knowledge*. Nova York: Basic Books, 1983.

GHEDIN, E. "Professor reflexivo: da alienação da técnica à autonomia da crítica". Em PIMENTA, S. G & GHEDIN, E. *Professor reflexivo no Brasil: gênese e crítica de um conceito*. São Paulo: Cortez, 2002.

GIMENO SACRISTÁN, J. "Los materiales y la enseñanza". Em *Cuadernos de pedagogía*, nº 194, Logroño, jul.-ago. de 1991.

_____ & PÉREZ GÓMEZ, A. *Compreender e transformar o ensino*. 4ª edição. Porto Alegre: Artmed, 2000.

GIROUX, H. A. *Pedagogia radical*. São Paulo: Cortez, 1983.

_____. "La formación del profesorado y la ideología del control social". Em *Revista de Educación*, Madri, 1987.

GOERGEN, P. & SAVIANI, D. *Formação de professores: a experiência internacional sob o olhar brasileiro*. São Paulo: Autores Associados/Nupes, 1998.

IRES. "El Marco Curricular, Grupo de investigación en la escuela, proyecto curricular Investigación y Renovación Escolar versión provisional", Universidad de Barcelona, 1991. Disponível em http://www.ub.edu/geocrit/b3w-205.htm. Acessado em 14-6-2012.

JACKSON, P. W. *La vida en las aulas*. Madri: Monata, 1991.

KAPTELININ, V; KUUTTI, K; BANNON, L. *Activity Theory: Basic Concepts and Applications. A Summary of a Tutorial Given at the East West HCI95 Conference*. Springer Berlin/Heidelberg, 1995.

KOZULIN, A. "O conceito de atividade na psicologia soviética: Vygotsky, seus discípulos, seus críticos". Em DANIELS, H. (org.). *Uma introdução a Vygotsky*. São Paulo: Loyola, 2002.

LEFF, E. *A complexidade ambiental*. São Paulo: Cortez, 2003.

LEITE, C. "Construção do projecto curricular. A identidade da escola". Repositório da Universidade do Porto. Disponível em http://repositorio.up.pt/aberto/handle/10216/5527.

LEONTIEV, A. N. *O desenvolvimento do psiquismo*. Lisboa: Livros Horizonte, 1978.

_____. "Uma contribuição à teoria do desenvolvimento da psique infantil". Em VYGOTSKY *et al. Linguagem, desenvolvimento e aprendizagem*. 5ª ed. São Paulo: Ícone, 1994.

LEVY, P. *O que é o virtual?* São Paulo: Editora 34, 1996.

_____. *Cibercultura*. Rio de Janeiro: Editora 34, 1999.

LORENZ, E. *Father of Chaos Theory and Butterfly Effect, Dies at 90*, Massachusetts Institute of Technology (MIT). Disponível em http://web.mit.edu/newsoffice/2008/obit-lorenz-0416.html. Acessado em 14-6-2012.

LUZZI, D. *Educação e meio ambiente, uma relação intrínseca*. Barueri: Manole, 2012.

_____ & PHILIPPI JR., A. "Interdisciplinaridade, pedagogia e didática da complexidade na formação superior". Em PHILIPPI JR., A; SILVA NETO, A. J. (org.). *Interdisciplinaridade em ciência, tecnologia & inovação*. Barueri: Manole, 2011.

McLAREN, P. *Pedagogía crítica y cultura depredadora: políticas de oposición en la era posmoderna*. Barcelona: Paidós, 1997.

MATURANA, H. & VARELA, F. *A árvore do conhecimento*. Campinas: Editorial Psy, 1995.

_____ & _____. *De máquina e seres vivos: autopoiese: a organização do vivo*. 3ª ed. Porto Alegre: Artes Médicas, 1997.

MERTON, R. "Bureaucratic Structure and Personality". Em ETZIONI, A. (org.). *A Sociological Reader on Complex Organizations*. Londres: Hold, Rinehart &

Winston, 1971. Disponível em http://web.mit.edu/newsoffice/2008/obit-lorenz-0416.html. Acessado em 14-6-2012.

MORIN, E. *Introducción al pensamiento complejo*. Barcelona: Gedisa, 1998.

NICKERSON, R. et al. *Enseñar a pensar: aspectos de aptitud intelectual*. Barcelona: Paidós, 1987.

ONU – Comitê de descolonização de territórios não autônomos. Disponível em OWENS, R. G. *La escuela como organización: tipos de conducta y práctica organizativa*. Colección Aula XXI. Madri: Santillana, 1976.

PASOLINI, P. *O futuro: melhor que qualquer passado*. Porto Alegre: Cidade Nova, 1983.

PERRENOUD, P. *Escola e cidadania*. Porto Alegre: Artmed, 2005.

PESSOA, F. "Deste modo ou daquele modo". Disponível em www.fpessoa.com.ar/poesias.asp?Poesia=237. Acessado em 14-6-2012.

PIMENTA, Selma Garrido. *Saberes pedagógicos e atividade docente*. São Paulo: Cortez, 1999.

POZO, J. I. *Aprendices y maestros*. Madri: Alianza, 1998.

REGO, C. *Memórias de escola: cultura escolar e constituição de singularidades*. São Paulo: Vozes, 2003.

SACRISTÁN & PÉREZ GÓMEZ. *Compreender e transformar o ensino*. São Paulo: Artemed, 2000.

SAGAN, C. *El mundo y sus demonios*. Santafé de Bogotá: Planeta, 1997.

SANCHEZ HIPOLA, M. "La organización y el espacio escolar en el marco de la integración". Em *Revista Complutense de Educación*, 5 (2), Madri, 1994.

SANTOS, A. "Complexidade e transdisciplinaridade em educação: cinco princípios para resgatar o elo perdido". Em *Revista Brasileira de Educação*, 13 (37), jan.-abr. de 2008.

SAVIANI, D. *Tendências pedagógicas contemporâneas*. São Paulo: Cortez, 1981.

SCHÖN, D. A. *The Design Studio: an Exploration of its Traditions and Potentials*. Londres: Riba, 1985.

SOUTO DE ASCH, M. et al. *Hacia una didáctica de lo grupal*. Buenos Aires: Miño y Dávila, 1993.

SENGE, P. *A quinta disciplina*. São Paulo: Best Seller, 1990.

STENHOUSE, L. *An Introduction to Curriculum Research and Development*. Londres: Heineman, 1975.

TIRMAN, J. "Why Do we Ignore the Civilians Killed in American Wars?". Em *The Washington Post*. Washington, 6-1-2011. Disponível em http://www.washingtonpost.com/opinions/why-do-we-ignore-the-civilians-killed-in-american-wars/2011/12/05/gIQALCO4eP_story.html. Acessado em 14-6-2012.

TOFFLER, A. *A terceira onda*. São Paulo: Record, 1995.

VYGOTSKY, L. S. *El desarrollo de los procesos psicológicos superiores.* Barcelona: Crítica, 1979.

_____. *A formação social da mente.* São Paulo: Martins Fontes, 1994.

WORLD WIDE FUND FOR NATURE (WWF). *Living Planet Report 2008.* Gland, 2008.

SOBRE O AUTOR

DANIEL LUZZI é licenciado em ciências da educação (UBA), mestre em gestão ambiental (UNSAM-Unesco; UFSC), doutor em educação (FE-USP) e pós-doutorando em saúde ambiental (FSP-USP).

Autor de *Meio ambiente & escola* (Editora Senac São Paulo, 2012) e de *Educação e meio ambiente, uma relação intrínseca* (2012), também é cátedra da Unesco em Ecotecnia e atua principalmente nos seguintes temas: política ambiental, educação ambiental, gestão ambiental, saúde ambiental e complexidade ambiental.